质量控制与优化

——多维综合评价系统优化与样本诊断溯源研究

韩亚娟　著

上海大学出版社

·上海·

图书在版编目(CIP)数据

质量控制与优化：多维综合评价系统优化与样本诊
断溯源研究 / 韩亚娟著.—上海：上海大学出版社，
2022.12
　　ISBN　978 - 7 - 5671 - 4621 - 1

　　Ⅰ.①质…　Ⅱ.①韩…　Ⅲ.①数据处理-研究　Ⅳ.
①TP274

中国国家版本馆 CIP 数据核字(2023)第 004992 号

责任编辑　盛国誉
封面设计　柯国富
技术编辑　金　鑫　钱宇坤

质量控制与优化

──多维综合评价系统优化与样本诊断溯源研究

韩亚娟　著

上海大学出版社出版发行
(上海市上大路 99 号　邮政编码 200444)
(https://www.shupress.cn　发行热线 021 - 66135112)
出版人　戴骏豪
*
南京展望文化发展有限公司排版
江苏凤凰数码印务有限公司印刷　　各地新华书店经销
开本 710mm×1000mm　1/16　印张 12.25　字数 206 千字
2022 年 12 月第 1 版　2022 年 12 月第 1 次印刷
ISBN 978 - 7 - 5671 - 4621 - 1/TP·85　定价　68.00 元

前言 | Foreword

　　质量与人们的生活息息相关,也与企业的命运和国家的发展密切相关。质量管理的历史源远流长,而 20 世纪质量管理的发展主要经历了三大阶段：质量检验阶段、统计质量控制阶段和全面质量管理阶段。质量管理的进步大大提高了人们的生活品质。21 世纪更是质量的时代,在经济全球一体化背景下,人们追求更高品质的生活,企业追求高质量的产品和服务,国家追求高质量发展。

　　为了解决企业在生产运作过程中遇到的各种质量问题,企业管理者和高校学者潜心研究,提出了不少有效的、经过实践检验的质量管理理念和方法。这些研究成果呈现于各大质量管理教材中,且在不断发展与补充,可以帮助企业进一步提升质量管理水平。因此,本书的关注点将不再是质量管理成熟的理论与方法,而是质量控制与优化领域的一个分支——多维综合评价系统优化与样本诊断溯源研究的最新研究成果。

　　综合评价是指运用一组能够表达评价对象内在属性并相互联系的指标/变量对评价对象进行评价,其基本思想是将多个指标转化为一个能够反映评价对象综合情况的指标来对其进行评价。在现实生活中,综合评价几乎涉及所有领域,如产品质量检测系统、医疗诊断和疾病预测系统、信用/借贷审核系统、供应商评价系统等。在综合评价过程中,确定指标体系是综合评价的基础和依据,故指标的选择是综合评价科学性的关键。本书的研究对象之一就是由多个指标组成的多维综合评价系统,研究如何评价多维综合评价系统的有效性,及如何优化多维综合评价系统(选择有效评价指标),确保最终用于评价的多维综合评价系统的质量。

　　客观事物在物理上总是可以测量的,且可测数据的维数是无限多的。为了对事物进行准确评价,人们总是尽可能多地收集相关数据。21 世纪,随着计算机技术、信息技术和网络技术的不断发展,数据收集变得越来越容易,数据增长的速度越来越快。其中,数据维数的增加导致了数据处理难度加大、处理时间和处理费用增加。然而,并非每一个指标/变量都有助于提高事物综合评价/诊断的精度,有些指标对综合评价没有任何帮助,甚至存在干扰。如何从大量的高维数据中提取有用的维度信息、建立有效的多维综合评价系统就显得尤为重要,它是当前许多行业和领域面临的一个普遍问题,也是模式识别、机器学习、统计学等领域至关重要的研究课题。

实现系统维数降低的方法主要包括两大类:特征提取和特征选择。特征提取作为数据预处理的一种重要方法,它通过获得最具代表性、最能反映对象本质的特征变量来达到更为有效的分类目的。由于提取的每一个特征变量都是原始变量的线性或非线性组合,所以它并不能实现真正意义上的系统降维。特征选择是通过去除不相关的、冗余的特征使系统维数减少,它可有效避免"维数灾难",降低数据收集成本,减少数据的存储量和存储错误率。然而,最优(最小)特征子集选择问题已被证明是一个 NP(Non-deterministic Polynomial)难题。因此,寻找一个有效的启发式算法或近似算法具有重要的现实意义。

特征子集选择算法可以大致分为两类:筛选法和融合法。一般来说,筛选法的效率比较高,但效果稍差;融合法效果较好,但结果依赖于所采用的学习算法,且需要占用大量运算时间,因而面对较大数据集时的效率较低。马氏田口(Mahalanobis-Taguchi System,MTS)方法的提出丰富了特征子集选择的方法库,它第一次将特征子集选择问题用实验设计的方法来解决,在摆脱了穷举法阴影的同时得到最有效的特征子集,其效果和效率是其他许多方法所不能比拟的。因此,本书将基于 MTS 方法研究多维综合评价系统的优化问题,尤其是解决多维综合评价系统优化中的强相关问题。

本书的另一个重要研究对象是观测样本,也就是评价对象。大部分多元分析方法适用于对评价对象进行分类或模式识别,如线性判别分析、判别与分类方法、人工神经网络、支持向量机等。然而,我们需要的不仅仅是对观测样本进行简单分类,而是要准确地评价观测样本的异常(严重)程度。这就涉及如何将多个指标进行整合,以反映评价对象的综合情况。MTS 方法实现了特征子集选择与样本诊断/预测的整合,因此本书将继续基于 MTS 方法对观测样本进行诊断/预测分析,提高诊断/预测的准确性,实现质量控制。

然而,对观测样本进行准确评价并不代表事情的结束,更重要的是评价之后对异常样本的溯源分析,即分析异常样本的潜在异常原因,以便采取相应的改进措施使其回归正常状态或更好的状态,这一点在实际应用中非常重要。例如,为了提高产品的质量,产品工程师必须首先分析导致产品质量低下的原因;在医院里,医生只有在明确了患者的病因后,才能为患者制定恰当的治疗方案。MTS方法不能解决异常样本溯源方面的问题,它的重点在于多维综合评价系统的优化与样本诊断/预测分析。因此,本书将对MTS方法进行拓展研究,寻找一套有效的异常样本溯源方法,实现观测样本的质量优化。

对上述问题的系统思考与研究构成了本书的主要内容。全书共九章,具体内容如下:

第一章:绪论。简要阐述本研究的研究背景与意义、国内外研究现状综述、研究内容与研究目标,以及研究的创新点。

第二章:马氏田口(MTS)方法的基本理论。本章系统地介绍MTS方法的基本理论和部分理论发展内容,为之后的研究进行铺垫。主要介绍MTS方法的两大基础、基本步骤和基本特点,并对MTS的三种方法进行比较研究,同时研究和解释MTS方法在统计和操作方面存在的一些问题。

第三章:基于改进马氏距离的多维观测样本诊断/预测研究。本章重点解决多维观测样本诊断/预测的准确性问题。首先通过对比分析说明选择马氏距离衡量观测样本异常程度的合理性,进而分析马氏距离变量权重赋予的必要性和可行性,以及赋权重马氏距离函数在MTS方法中应用的阶段性,给出改进MTS方法的具体实施步骤,最后通过实证研究验证本章所提出的改进方法的有效性。

第四章:多维观测样本异常原因分析和异常方向确定研究。本章重点解决异常样本的溯源问题。首先阐述多维异常样本溯源方面的相关研究,进而在介绍主元正交分解法和MYT正交分解法的基础上,提出赋权重马氏距离的MYT正交分解法,用于多维观测样本潜在异常原因识别和异常方向确定,最后通过实证研究验证本章所提出方法的有效性。

第五章:多维综合评价系统优化中的强相关问题研究。本章重点研究多维系统强相关问题,为接下来第六章和第七章提出解决问题的新方法做好铺垫。首先对强相关问题的界定、产生的影响、检测方法和传统解决方案进行阐述,进而分析强相关问题对MTS逆矩阵法的影响,以及MTS施密特正交化法和MTS伴随矩阵法的不足之处,最后通过实证研究验证MTS伴随矩阵法的理论缺陷。

第六章：马氏田口(MTS)M-P广义逆矩阵法。本章重点解决多维综合评价系统优化中的完全强相关问题。在阐述现有的相关研究的基础上，重点分析一种特殊的广义逆矩阵——M-P广义逆矩阵的重要特性，进而提出解决多维综合评价系统优化中强相关问题的新方法——马氏田口 M-P 广义逆矩阵法，用于多维综合评价系统优化与样本诊断/预测分析，最后通过实证研究验证本章所提出方法的有效性。

第七章：基于 FDOD 度量的多维系统优化中强相关问题研究。本章仍然重点解决多维综合评价系统优化中的强相关问题。首先对多重信息源信息离散性 (Function of degree of disagreement，FDOD)度量进行概述，进而提出用 FDOD 度量中的 B_i 代替马氏距离函数来衡量多维观测样本的异常程度，并将 FDOD 度量与 MTS 方法结合进行多维综合评价系统的优化与样本诊断/预测分析，解决多维系统优化中的强相关问题，最后通过实证研究验证本章所提出方法的有效性。

第八章：基于改进 FDOD 度量的航空发动机健康状况评估。本章重点解决多维观测样本诊断/预测的准确性问题。分析利用综合评价指标——FDOD 度量衡量观测样本异常程度的不足，提出对 FDOD 度量进行改进，使其考虑各指标的权重，提高诊断/预测的准确性，最后通过实证研究验证本章所提出方法的有效性。

第九章：结束语。对本书内容进行总结，并提出仍待继续研究的问题。

综上，本书从系统角度对多维综合评价系统进行研究，既研究了多维综合评价系统的优化，解决了优化分析中的强相关问题，又改进了综合评价指标函数，提高了诊断/预测的准确性，同时对诊断/预测出的异常样本，提出识别其潜在异常原因的有效方法。对于本书提出的所有改进方法和新方法的有效性，均通过实证研究加以验证。

本书主要适合于质量管理专业和综合评价领域的师生、企业管理者和研究者阅读。

本书在研究过程中得到了天津大学何桢教授的指导和支持，研究生雷小虎、李丹、杨玉琪、曹苗苗也为本书的研究和成稿做出了重要贡献，在此表示感谢。全书由笔者本人撰写并定稿。

学海无涯，水平有限，加之时间仓促，书中不足之处在所难免，敬请各位读者提出宝贵意见，以便改进。

目录 | Contents

第一章　绪论 001

  1.1　研究背景与意义 ································· 001
    1.1.1　研究背景 ································· 001
    1.1.2　研究意义 ································· 003
  1.2　国内外研究现状综述 ························· 005
    1.2.1　马氏田口方法的提出 ················· 005
    1.2.2　与统计学的碰撞 ····················· 005
    1.2.3　马氏田口方法的理论发展 ············· 006
  1.3　研究内容、目标与创新点 ····················· 012
    1.3.1　研究内容 ························· 012
    1.3.2　研究目标 ························· 014
    1.3.3　研究创新点 ······················· 014

第二章　马氏田口方法的基本理论 015

  2.1　马氏田口方法概述 ··························· 015
    2.1.1　多维系统的本质 ····················· 015
    2.1.2　马氏田口方法的两大基础 ············· 017
  2.2　马氏田口方法的基本步骤 ····················· 022
    2.2.1　构建一个含有马氏空间(MS)的测量表作为参考点 ······· 022
    2.2.2　测量表的有效性验证 ················· 024

2.2.3　确定有效变量, 优化测量表 ································· 024

2.2.4　用优化后的测量表进行诊断/预测 ················· 025

2.3　马氏田口方法的基本特点 ································· 027

2.3.1　马氏田口方法是一种测量方法, 而非简单的分类方法 ····· 027

2.3.2　马氏田口方法中只有一个正常总体, 没有异常总体 ····· 027

2.3.3　马氏田口方法基于数据分析, 而非概率与分布 ····· 027

2.3.4　马氏田口方法可用于多维综合评价系统的优化 ········· 028

2.4　马氏田口三种方法的比较研究 ························· 028

2.4.1　强相关问题 ······································· 028

2.4.2　异常方向的确定 ··································· 029

2.4.3　部分相关问题 ····································· 031

2.4.4　三种方法比较的总结 ······························ 032

2.5　研究与解释马氏田口方法在统计和操作方面的问题 ··········· 033

2.5.1　异常样本的选择问题 ······························ 033

2.5.2　分类的解释问题 (阈值的使用) ······················ 033

2.5.3　测量表的有效性验证问题 ("高"的界定问题) ············· 034

2.5.4　正交表的选择问题 ································· 034

2.5.5　关于异常样本真实水平的定义问题 ··················· 035

2.6　本章小结 ··· 035

第三章　基于改进马氏距离的多维观测样本诊断/预测研究　037

3.1　马氏距离概述 ··· 037

3.1.1　欧氏距离 ··· 038

3.1.2　马氏距离 ··· 038

3.1.3　马氏距离与欧氏距离的比较 ······················· 039

3.2　马氏距离变量权重赋予的必要性与可行性 ················· 040

3.2.1　马氏距离变量权重赋予的必要性 ··················· 040

3.2.2　马氏距离变量权重赋予的可行性 ··················· 041

3.3　马氏距离变量权重赋予的方法——主观赋权法 ············· 042

3.3.1　直接打分法 ······································· 043

　　　　3.3.2　分值分配法 ·································· 044

　　　　3.3.3　两两比较法 ·································· 046

　　　　3.3.4　排序法 ······································ 048

　　3.4　改进的马氏田口方法 ······························ 050

　　　　3.4.1　赋权重马氏距离在马氏田口方法中应用的阶段性 ······ 051

　　　　3.4.2　改进的马氏田口方法的具体实施步骤 ·········· 051

　　3.5　实证研究 ·· 053

　　　　3.5.1　数据来源 ···································· 053

　　　　3.5.2　数据分析与结果 ······························ 053

　　3.6　本章小结 ·· 062

第四章　多维观测样本异常原因分析和异常方向确定研究　　065

　　4.1　多维观测样本异常原因分析和异常方向确定研究的背景 ······ 065

　　　　4.1.1　问题的提出 ·································· 065

　　　　4.1.2　前人的探索 ·································· 066

　　4.2　主元正交分解法 ·································· 067

　　　　4.2.1　原始变量空间 ································ 067

　　　　4.2.2　标准化变量空间 ······························ 068

　　　　4.2.3　主元变量空间 ································ 069

　　4.3　MYT 正交分解法 ·································· 070

　　　　4.3.1　二维系统 MYT 正交分解 ···················· 070

　　　　4.3.2　从回归角度对异常样本的 MYT 正交分解项进行解释 ······ 072

　　　　4.3.3　多维系统 MYT 正交分解 ···················· 073

　　　　4.3.4　多维系统 MYT 正交分解项的计算 ·············· 073

　　　　4.3.5　MYT 正交分解项判定界限的确定 ·············· 074

　　　　4.3.6　基于 MYT 正交分解的异常样本潜在异常原因识别 ······ 075

　　4.4　赋权重马氏距离的 MYT 正交分解 ·················· 076

　　　　4.4.1　赋权重马氏距离函数与传统马氏距离函数的差异 ········ 076

　　　　4.4.2　赋权重马氏距离的 MYT 正交分解过程 ·········· 077

　　　　4.4.3　赋权重马氏距离 MYT 正交分解项的计算 ·········· 079

4.4.4　赋权重马氏距离 MYT 正交分解项判定界限的确定 ······ 080

4.5　多维观测样本潜在异常原因分析 ···················· 081

4.5.1　样本的选取 ···································· 081

4.5.2　识别样本异常潜在原因的步骤 ···················· 082

4.6　多维观测样本异常方向的确定 ···················· 082

4.6.1　施密特正交化法 ································ 083

4.6.2　MYT 正交分解法 ······························ 085

4.7　实证研究 ·· 086

4.7.1　数据来源 ······································ 086

4.7.2　数据分析与结果 ································ 087

4.8　本章小结 ·· 094

第五章　多维综合评价系统优化中的强相关问题研究　　095

5.1　多维系统强相关问题概述 ························ 095

5.1.1　多维系统强相关问题的界定 ···················· 096

5.1.2　多维系统强相关问题产生的影响 ················ 096

5.1.3　多维系统强相关问题的检测方法 ················ 097

5.1.4　强相关问题的传统解决方法 ···················· 100

5.2　解决强相关问题的马氏田口方法 ·················· 101

5.2.1　强相关问题对马氏田口逆矩阵法的影响 ·········· 101

5.2.2　解决强相关问题的马氏田口施密特正交化法 ······ 102

5.2.3　解决强相关问题的马氏田口伴随矩阵法 ·········· 103

5.3　马氏田口伴随矩阵法的理论缺陷 ·················· 104

5.3.1　正交表 ·· 104

5.3.2　信噪比 ·· 105

5.4　实证研究 ·· 106

5.4.1　数据来源 ······································ 106

5.4.2　数据分析与结果 ································ 107

5.5　本章小结 ·· 110

第六章　马氏田口 M-P 广义逆矩阵法　112

6.1　多维综合评价系统的强相关问题 ················· 112
6.1.1　问题的提出 ················ 112
6.1.2　前人的探索 ················ 112

6.2　广义逆矩阵概述 ····························· 113
6.2.1　广义逆矩阵 ················ 113
6.2.2　M-P 广义逆矩阵 ·············· 114

6.3　M-P 广义逆矩阵在马氏距离计算中的应用 ········· 114
6.3.1　应用的背景 ················ 114
6.3.2　应用的稳建性 ··············· 114

6.4　马氏田口 M-P 广义逆矩阵法 ·················· 115
6.4.1　构建一个含有马氏空间(MS)的测量表作为参考点 ····· 115
6.4.2　测量表的有效性验证 ··········· 116
6.4.3　确定有效变量,优化测量表 ········ 116
6.4.4　采用优化后的测量表进行诊断/预测 ···· 116

6.5　马氏田口 M-P 广义逆矩阵法的对比优势 ········· 117
6.5.1　存在性 ··················· 117
6.5.2　唯一性 ··················· 117
6.5.3　普适性 ··················· 117

6.6　实证研究 ······························· 118
6.6.1　数据来源 ················· 118
6.6.2　数据分析与结果 ············· 119

6.7　本章小结 ······························· 122

第七章　基于 FDOD 度量的多维系统优化中强相关问题研究　124

7.1　FDOD 度量概述 ·························· 124
7.1.1　FDOD 度量的引入 ············ 124
7.1.2　FDOD 度量的意义 ············ 126
7.1.3　FDOD 度量在样本异常程度衡量中的应用 ····· 126

7.2 FDOD 度量与田口方法的结合 ⋯⋯⋯⋯⋯⋯⋯⋯ 127

    7.2.1 FDOD 度量与田口方法结合的思路 ⋯⋯⋯⋯⋯ 127

    7.2.2 FDOD 度量与田口方法结合的具体步骤 ⋯⋯⋯ 128

    7.2.3 FDOD 度量与田口方法结合的优点分析 ⋯⋯⋯ 129

7.3 实证研究 ⋯⋯⋯⋯⋯⋯⋯⋯⋯⋯⋯⋯⋯⋯⋯⋯⋯ 130

    7.3.1 数据来源 ⋯⋯⋯⋯⋯⋯⋯⋯⋯⋯⋯⋯⋯⋯ 130

    7.3.2 数据分析与结果 ⋯⋯⋯⋯⋯⋯⋯⋯⋯⋯⋯ 131

7.4 本章小结 ⋯⋯⋯⋯⋯⋯⋯⋯⋯⋯⋯⋯⋯⋯⋯⋯⋯ 134

第八章　基于改进 FDOD 度量的航空发动机健康状况评估　136

8.1 对航空发动机健康状况评估的背景 ⋯⋯⋯⋯⋯⋯⋯ 136

    8.1.1 问题的提出 ⋯⋯⋯⋯⋯⋯⋯⋯⋯⋯⋯⋯⋯ 136

    8.1.2 前人的探索 ⋯⋯⋯⋯⋯⋯⋯⋯⋯⋯⋯⋯⋯ 137

8.2 航空发动机性能指标与故障分类 ⋯⋯⋯⋯⋯⋯⋯⋯ 138

    8.2.1 航空发动机状况及性能指标 ⋯⋯⋯⋯⋯⋯⋯ 138

    8.2.2 航空发动机故障分类 ⋯⋯⋯⋯⋯⋯⋯⋯⋯⋯ 139

8.3 航空发动机健康状况评估方法的选择——FDOD 度量 ⋯⋯ 140

    8.3.1 基于评估模型的方法 ⋯⋯⋯⋯⋯⋯⋯⋯⋯⋯ 140

    8.3.2 基于统计分析的方法 ⋯⋯⋯⋯⋯⋯⋯⋯⋯⋯ 141

    8.3.3 基于人工智能的方法 ⋯⋯⋯⋯⋯⋯⋯⋯⋯⋯ 142

    8.3.4 基于 FDOD 度量的方法 ⋯⋯⋯⋯⋯⋯⋯⋯⋯ 143

    8.3.5 对比分析及方法选择 ⋯⋯⋯⋯⋯⋯⋯⋯⋯⋯ 143

8.4 传统 FDOD 度量的改进 ⋯⋯⋯⋯⋯⋯⋯⋯⋯⋯⋯ 144

    8.4.1 FDOD 度量改进的必要性 ⋯⋯⋯⋯⋯⋯⋯⋯ 144

    8.4.2 改进的 FDOD 度量 ⋯⋯⋯⋯⋯⋯⋯⋯⋯⋯ 145

    8.4.3 赋权方法的选择 ⋯⋯⋯⋯⋯⋯⋯⋯⋯⋯⋯ 145

8.5 基于离差最大化的组合赋权法 ⋯⋯⋯⋯⋯⋯⋯⋯⋯ 147

    8.5.1 主观赋权法——G1 法 ⋯⋯⋯⋯⋯⋯⋯⋯⋯ 147

    8.5.2 客观赋权法——因子分析法 ⋯⋯⋯⋯⋯⋯⋯ 148

    8.5.3 基于离差最大化的组合赋权法 ⋯⋯⋯⋯⋯⋯ 150

8.6 基于改进的 FDOD 度量的航空发动机健康状况评估 ·············· 151

   8.6.1 基本步骤 ··· 151

   8.6.2 优点 ··· 152

8.7 仿真分析 ··· 152

   8.7.1 数据来源 ··· 152

   8.7.2 数据分析与结果 ··· 154

   8.7.3 对比分析 ··· 156

8.8 本章小结 ··· 157

第九章　结束语   159

附　录   161

参考文献   164

第一章
绪　论

1.1　研究背景与意义

1.1.1　研究背景

随着计算机技术、信息技术和网络技术的不断发展,数据增长的速度不断加快,数据收集变得越来越容易。然而,面对如此庞大的数据源,人们却陷入了"数据富有、信息贫乏"的尴尬境地。如何从大量的高维数据中提取有用信息,进而利用有用信息,快速准确地做出柔性决策是现今很多决策者们面临的主要问题(如图 1 - 1 所示)。

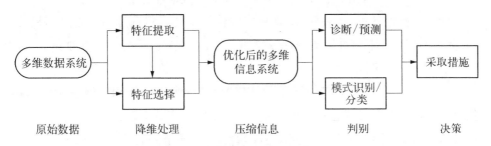

图 1 - 1　多维数据处理与决策系统

客观事物在物理上总是可以测量的,且可测数据的维数是无限多的。为了对事物进行准确评价,人们总是愿意尽可能多地收集相关数据信息。以产品质量检测为例,质量工程师为了保证产品质量会尽可能地增加可检测的指标/变量;同样,在医学诊断中,医生为了更准确地诊断病情也会尽可能地收集诊断指标。这致使数据处理难度加大,数据的处理时间和处理费用增加,出现所谓的"维数灾难"。然而,并非每一个指标都有助于提高综合评价的精度,有些指标对综合评价没有任何帮助,甚至存在干扰,即:多维综合评价系统并非指标越多,综合评价的精度就越高,而是存在 Hughes 峰值现象。因此,数据综合之前的合理降维就显得尤为重要,它是模式识别、机器学习、统计学等领域至关重要的研究课题。

对于多维综合评价系统,实现维数降低的方法主要有两类:特征提取和特征选择。特征提取是指将高维空间的数据按照一定的准则投影到低维子空间中,且使原始数据中有用信息损失最小、模式间的分离程度最高。常用的特征提取方法有主元分析法(Principal Component Analysis,PCA)[1]、投影寻踪(Projection Pursuit,PP)[2,3]、K-L 变换(Karhunen-Loève Transition,KLT)[4]、线性判别分析(Linear Discriminant Analysis,LDA)[5]、独立主元分析(Independent Component Analysis,ICA)[6]等。尽管特征提取作为数据预处理的一种重要方法,可以帮助人们获得最具代表性、最能反映对象本质的特征变量或达到更为有效的分类目的,但它并不能实现真正意义上的维数降低,因为提取的每一个特征变量都是原始变量的线性或非线性组合,因而不可能降低数据收集成本,尤其对于数据收集成本昂贵的系统,特征提取的应用受到一定程度的限制。

特征子集选择(Feature Subset Selection,FSS)是指在系统性能没有明显下降甚至有所提高的前提下,从给定的 n 个特征的候选特征集中选择一个包含 m 个特征的"好"的特征子集 $(m < n)$,使其能够一致地描述给定例子集。"好"的评价标准是指该子集中的特征最具有代表性。特征子集选择通过去除不相关的、冗余的特征使系统维数减少,有效避免了"维数灾难",降低了数据收集成本,减少了数据的存储量和存储错误率。然而,最优(最小)特征子集选择问题(Optimal Feature Subset Selection,OFSS)已被证明是一个 NP 难题[7],因此寻找一个有效的启发式算法或近似算法具有重要的现实意义。有关特征子集选择启发式算法或近似算法的研究较多,如贪心特征子集选择(Greedy Feature Selection,GFS)算法、基于遗传算法的特征子集选择、基于小生境技术的遗传算法特征子集选择(Niched Genetic Algorithms Feature Selection,NGAFS)、基于微粒群算法的特征子集选择方法、基于粗集理论的特征子集选择算法等。

特征子集选择算法大致可以分为两类:筛选法(Filter Approach)和融合法(Wrapper Approach)。筛选法是指根据一定的评价标准从给定的候选特征集中选择出区分能力强的特征子集,它并不依赖于特定的学习算法。融合法是指把学习算法作为特征子集选择评价标准的一部分,根据算法生成规则的分类精度搜索特征子集。融合法包含两个主要部分：搜索算法和评价函数。一旦特征空间的起始点被确定之后，搜索算法执行在特征空间中的搜索过程并产生待评估的特征子集。在产生特征子集之后，用一个评价函数来评价子集的好坏，并且把结果和以前最好的子集进行比较。经过若干次迭代之后，将最佳适应度的子集作为最终的选择结果。一般来说，筛选法的效率比较高，但效果稍差；融合法效果较好，但结果依赖于所采用的学习算法，且需要占用大量运算时间，因而对于较大数据集时的效率较低。因此，发展一套快速有效的特征子集选择方法是当务之急，马氏田口（MTS）方法的提出及时地满足了这个需求，丰富了特征子集选择的方法库。它第一次将特征子集选择问题用实验设计的方法来解决，在摆脱了穷举法阴影的同时得到最有效的特征子集，其效果和效率都是其他许多特征子集选择方法所不能比拟的。

对于优化后的多维综合评价系统，大部分多元分析方法适用于对评价对象进行分类或模式识别，如线性判别分析、判别与分类方法（Discrimination and Classification Method）、人工神经网络（Artificial Neural Networks，ANN）[8]、支持向量机（Support Vector Machines，SVM）[9]等。然而，对于很多多维综合评价系统，如产品质量检测系统、医疗诊断和疾病预测系统、信用/借贷审核系统、银行稳健性评价系统、天气预报系统等，我们需要的不仅仅是对观测样本进行简单分类，更加需要对观测样本的异常（严重）程度进行准确评价。这里"异常程度"一词具有不同的含义，例如，对于医疗诊断和疾病预测系统，异常程度是指疾病的严重程度；对于产品质量检测系统，异常程度则是指产品的质量可接受水平；对于信用/借贷审核系统，异常程度则是指结算/还贷款的能力水平。为了对观测样本的异常程度进行准确评价，需要选择合适的方法综合多维系统的各个指标。

1.1.2　研究意义

MTS方法可以建立与优化多维系统测量表，并衡量样本的异常程度。它实现了特征子集选择与样本诊断/预测的整合，既拥有很多多元分析方法的优点，又克服了其不足之处。像 PCA 和 PP 那样，MTS 方法可以用于减少多维综合评价系统的维数，且能实现系统原始指标/变量的真正减少；像 ANN 或 SVM 那样，马氏田口方法可以用于模型识别/分类；像判别与分类方法和回归分析那样，MTS 方法可用于区分正常样本和异常样本，同时还可用于衡量样本的异常程度,以便决策者采取相应的措施,提高决策的柔性;同时,MTS方法采用的是数据分析,而非分布和概率的方法,因而不需要复杂的统计知识就可以实现快速诊断/预测。MTS方法因其新颖性、操作易行性和结论有效性引起了国内外的广泛重视,已被应用于各个领域,包括医疗、制造业、电子、化学、航天工业、软件工业、市政等。

对观测样本进行准确评价后,可根据其异常程度采取相应的措施。如果观测样本正常,则无需采取特殊的纠正措施,继续保持即可;如果观测样本异常,尤其是中、高度异常,则需分析其异常的潜在原因,以便采取相应的改进措施使其回归到正常或更好状态,这一点在实际应用中非常重要。例如,为了提高产品的质量,产品工程师必须首先分析导致产品质量低下的原因;为了让患者恢复健康,医生必须首先分析患者的病因,才能为患者制定恰当的治疗方案。同时,我们不仅关心观测样本的异常程度,还关心观测样本异常的方向——"好"的异常或"坏"的异常。对于"好"的异常,则可考虑给予其奖励;对于"坏"的异常,则可考虑给予其惩罚,并找出其异常的原因。然而,MTS方法主要用于多维综合评价系统的优化与样本诊断/预测分析,不涉及异常样本的溯源分析。

同时,传统MTS方法作为一种有效的多维综合评价方法,在实际应用中也遇到了一些问题,说明该方法也存在一些缺陷,有待进一步研究改进。例如,利用多维系统测量表进行样本诊断/预测时,未考虑指标/变量影响程度的差异,影响了诊断/预测的准确性;针对多维综合评价系统优化中的强相关问题,尽管Taguchi和Jugulum提出了马氏田口施密特正交化(Mahalanobis-Taguchi-Gram-Schmidt,MTGS)法和伴随矩阵法(Adjoint Matrix Method,AMM),但这两种方法也有其各自的不足之处。

因此,本书将基于MTS方法进行多维综合评价系统优化与样本诊断/预测研究,解决系统优化中存在的问题的同时提高样本诊断/预测的准确性,实现观测样本的质量控制。同时,本书将对MTS方法进一步拓展研究,寻找出一套有效的异常样本溯源方法,实现观测样本的质量优化。研究成果将促进多维综合评价系统决策的科学化和有效化,提高多维综合评价系统识别、诊断和溯源等问题的研究水平,更好地推动其在产品质量检测、信用度评价和医疗诊断等领域的应用。

1.2　国内外研究现状综述

由于本书的研究主要基于 MTS 方法,因此本节将对 MTS 方法相关研究进行综述,其他相关研究内容的综述可参见本书相应章节。

1.2.1　马氏田口方法的提出

MTS 方法由田口玄一(Genichi Taguchi)博士于 20 世纪 90 年代初提出,从提出到现在已有近 30 年的时间,因此国内外对其的理论研究和应用研究已有不少。Taguchi 和 Jugulum(2000)[10]简单系统地介绍了 MTS 基本理论及相关研究。同年,Taguchi(2000)[11]利用 MTS 方法进行诊断和模式识别,并形成了名为"马氏距离诊断与模式识别系统优化过程"的八步程序。Taguchi 和 Jugulum(2002)[12]对 MTS 方法进行了系统介绍,提供了比较详细的理论基础,同时进行了前沿性研究,如强相关问题、弱相关问题、复杂问题的子集选择,以及从历史数据中选择马氏空间(Mohalanobis Space, MS)等,并将 MTS 方法与传统多元统计方法进行了比较研究,显示出 MTS 方法的优势所在。

1.2.2　与统计学的碰撞

MTS 方法将数学与统计概念和田口方法的基本原则进行了集成,因而也引起了统计学家的兴趣。2003 年,他们从统计角度对 MTS 方法进行了剖析研究,双方展开了激烈的讨论。Woodall 等(2003)[13, 14]一方面为 MTS 方法提供了理论支持,另一方面指出了 MTS 方法在概念、操作和技术三个方面存在的不足;同时,他们认为对原始数据的有效性分析非常重要,且图形化表示(如点图和散点图)可提供很多有用信息。Abraham 和 Variyath(2003)[15]也指出了 MTS 方法的不足之处,同时通过将变量安排在正交表的不同列,比较各变量的主效应和所选择的有效变量集,说明运用正交表选择有效变量可能会遇到的问题,即未考虑变量的交互作用,进而提出用前向选择程序(Forward Selection Procedure)选择有效变量。Hawkins(2003)[16]指出传统统计分析的前提假设(仅均值不同,而协方差矩阵相同)一般很难得到满足,同时指出 MTGS 法的不足之处,并提出用协方差矩阵(包括正常样本和异常样本)的特征向量作散点图,可明显区分出正常样本和异常样本。Jugulum 等(2003)[17]针对统计学家们提出的问题进行了不同程度的解释,使得 MTS 方法的理论得到补充,逐步趋于完善。

1.2.3 马氏田口方法的理论发展

尽管统计学家对 MTS 方法的激烈讨论稍有平息,但是 MTS 方法的理论发展仍在继续。基于越大越好型信噪比和动态型信噪比,Taguchi 等(2004)[18]提出望目型信噪比在 MTS 方法中的应用,其适用于 MS 外正常和异常样本混合时信噪比的计算,同时指出了多维系统零标准差变量问题的存在。Taguchi 等(2006)[19]为 MTS 方法申请了专利,系统介绍了 MTS 方法的基本理论和前沿性研究,同时详述了利用 Gram-Schmidt(GS)变量解决零标准差变量问题的步骤。其他学者们对 MTS 方法理论的发展所做的研究,主要包含以下几个方面:

(1) 马氏空间的构建

影响测量表精度的一个重要因素就是马氏空间(MS),它可以由专业人员运用他们的专业知识或丰富经验来确定,但很难构建一个合适的马氏空间。Yang 和 Cheng(2010)[20]提出利用控制图构建马氏空间。Liparas 等(2012)[21]对训练集应用两步聚类分析构建马氏空间。Das 和 Datta(2012)[22]基于马氏距离开发了无监督马氏距离分类器(Unsupervised Mahalanobis Distance Classifier,UNMDC),提出利用 k-means 聚类分析构建马氏空间,进而提出了一种无监督马氏田口算法。基于正常参考组的均值和协方差结构,UNMDC 采用马氏距离作为分类器,可以根据多个阈值将异常样本分成具有不同严重程度的多个组。Liparas 等(2013)[23]将围绕中心点划分(Partitioning Around Medoids,PAM)的聚类算法应用于训练集以构建马氏空间。

(2) 阈值的确定

阈值在马氏田口方法中扮演了重要角色,Taguchi 和 Jugulum(2002)[12]提出用二次损失函数(Quadratic Loss Function,QLF)来确定阈值,其结合了误诊造成的损失和进一步诊断所需的成本。Nakatsugawa 和 Ohuchi(2001)[24]利用服从 γ 分布的参考样本累积概率对阈值进行评价,并利用 Kolmogorov-Smirnov 检验为阈值建立置信区间,提高了多维综合评价系统异常样本识别的准确性。Su 和 Hsiao(2007)[25]基于 Chebyshev 定理提出用概率阈值法(Probabilistic Thresholding Method,PTM)确定分类阈值,提高了马氏田口方法的分类能力,并将其应用于手机制造中无线电频率的检测过程。其结果表明:无线电频率检测过程在检测指标显著减少的同时仍旧保持了高正确率。Chinnam 等 (2004)[26]基于包含 99% 的正常参考样本确定阈值。Lee 和 Teng(2009)[27]通过最小化第 Ⅰ—Ⅱ 类错误来确定最佳阈值。Huang(2010)[28]基于概率阈值法确定阈值时考虑了正常观测值与异常观测值之间的重叠。Das 和 Datta(2010)[29]利用 χ^2 和 β 分布确定阈值。Liparas 等(2012)[21]提出一种基于敏感性、特异性和 ROC 曲线的阈值确定方法。Kumar 等(2010)[30]利用 Box-Cox 转换使马氏距离服从正态分布,进而利用控制图确定阈值。Ramlie 等(2021)[31]对比分析了 4 种最常见的阈值确定方法——第 Ⅰ—Ⅱ 类错误法、概率阈值法、ROC 曲线法和 Box-Cox 转换法。通过对 20 个数据库的分析,结果显示:在最小化马氏田口方法错误分类方面,4 种阈值确定方法中没有一种方法明显优于其他方法。

（3）变量选择

对于多维综合评价系统,通过穷举搜索法可以获得最优特征子集。然而,穷举搜索法既费时又费力。马氏田口方法利用正交表和信噪比根据所估计的简单效应的均值选择重要变量。Nakatsugawa 和 Ohuchi(2002)[32]提出一种新方法,即利用简单效应的方差对更加重要的变量进行选择,同时将施密特正交化应用于变量组合的确定,减少了合适变量组合中的变量数量。Huang 等(2012)[33]将马氏田口方法与自适应共振理论神经网络(Adaptive Resonance Theory Neural Network,ART-NN)相结合,用于变量选择。为了解决过度拟合和正则化问题,Iquebal 等(2014)[34]提出了最大化特征子集与类别集之间依赖度的优化模型,并利用遗传算法求解模型来选择变量。Liparas 等(2012)[21]提出了最大化特征子集适应度函数的优化模型。Niu 和 Cheng(2012)[35]根据误分类、所选特征的数量和越大越好型信噪比建立了多目标优化模型,并利用遗传算法对模型进行求解。Pal 和 Maiti(2010)[36]基于误分类率和变量选择率构建了优化模型,并利用二元粒子群优化算法求解模型来选择变量。Reséndiz 和 Rull-Flores (2013)[37]利用 Gompertz 二元粒子群优化算法解决了变量选择的组合优化问题,并将马氏田口方法应用于汽车踏板部件的变量选择。

（4）多类别问题

马氏田口方法主要用于多维综合评价系统的优化与样本异常程度的衡量,基于样本的马氏距离与阈值可将其区分为正常与异常。许前等(2002)[38]提出了一种多类别马氏田口(Multi-class Mahalanobis-Taguchi System,MMTS)方法。然而,他们并未将 MMTS 方法与其他多类别分类方法进行比较。Su 和

Hsiao(2009)[39]基于特征选择效率和平衡分类精度,对比分析了 MMTS 与马氏距离分类器(Mahalanobis Distance Classifie, MDC)、决策树(Decision Tree, DT)、支持向量机(SVM)、反向传播神经网络(Back Propagation Neural Network, BPNN)、学习向量量化(Learning Vector Quantization, LVQ)、粗糙集理论(Rough Set Theory, RST)和逐步线性判别分析(Stepwise Linear Discriminant Analysis, SLDA),结果表明 MMTS 方法具有很好的稳健性,且对于小样本数据具有很大的优势。Su 等(2012)[40]利用阻塞性睡眠呼吸暂停数据集,对比分析了 MMTS 与逻辑回归、BPNN、LVQ、SVM、DT 和 RST,验证了 MMTS 是最有效的多类别分类方法。Das 和 Mukherjee(2009)[41]基于有监督马氏田口方法的监控程序,提出了一种多类无监督马氏距离分类器(UNMDC)。

(5) 马氏田口方法与其他方法的对比研究

Häcker 等(2002)[42]比较研究了马氏田口方法和主元特征重叠测量(Principal Component Feature Overlap Measure, PFM)方法在分类中的应用。其研究结果表明:两种方法的分类可靠性都很高,且 PFM 方法的准确性和稳健性均高于马氏田口方法。然而,由于 PFM 方法利用主元变换后特征概率函数重叠度和综合信噪比进行特征选择,每一个主元的形成需要测量所有的原始变量,因此很难实现真正意义上的维数减少。Jugulum 和 Monplaisir(2002)[43]利用肝功能测试数据对马氏田口方法和 BPNN 进行了初步比较研究。其研究结果表明:对于大样本,两种方法均可以获得同样好的分类正确率;对于小样本,马氏田口方法的分类正确率比 BPNN 的稍微高些。然而,他们对两种方法的性能比较并未考虑多维系统变量减少的数量。Hong 等(2005)[44]利用乳腺癌研究数据对马氏田口方法和 BPNN 再次进行了比较研究,其同时考虑了多维系统变量减少的数量和不同的样本大小。其研究结果表明:对于小样本,与 BPNN 相比,马氏田口方法的诊断能力更强。Wang 等(2004)[45]利用鸢尾数据和信用卡数据分别检验马氏田口方法的预测能力,同时将马氏田口方法与判别分析和逐步判别分析(SDA)相比较。其研究结果表明:马氏田口方法在预测能力方面具有明显优势,且不需要满足一些假设条件。然而,逐步判别分析、决策树分析、BPNN、SVM 等常用分类技术总是假定各类别的训练样本数据是平衡的,不平衡数据将导致不同类别预测正确率的差异。Cudney 等(2009)[46]比较对比分析了马氏田口方法和主元分析法(PCA)的相似性和差异,认为马氏田口方法可以通过正交表实现原始变量的真正减少。Kim 等(2009)[47]对比分析了马氏田口方法和 Hotelling's T^2 控制图,认为马氏田口方法的最大优点是不需要假设样本数据服从任何分布。

(6)马氏田口方法与其他方法的结合研究

Prucha 和 Nath(2003)[48]将马氏田口方法和二次判别器(Quadratic Discriminator)结合,形成过程补偿共鸣式检测(Process Compensated Resonant Inspection,PCRI)方法,用于汽车铸件的非破坏性评价,获得了很好的识别效果。Riho 等(2005)[49]将马氏田口、实验设计和微分分析与简单相关和多元线性回归分析相结合后形成"MTS+方法",既提高了识别的准确性,又使响应速度不受影响,并将其应用于识别晶片生产过程中潜在缺陷的原因,提高了半导体产品的产量。Saraiva 等(2004)[50]将田口的异常测量概念与多重回归分析(Multiple Regression Analysis,MRA)和统计过程控制(Statistical Process Control,SPC)等统计方法相结合后提出了修正的马氏田口(Modified Mahalanobis-Taguchi Strategy,MMTS)方法,并将其应用于化学流程的故障识别。Huang 等(2009)[51]将马氏田口方法与人工神经网络(ANN)算法结合,用于动态环境下的数据挖掘。Pan 等(2009)[52]将马氏田口施密特正交化(MTGS)法与期望函数结合,用于识别并优化多响应制造过程的关键因素。Huang 等(2012)[33]将马氏田口方法与自适应共振理论神经网络(ART-NN)结合,用于变量选择。Jin 等(2012)[53]提出了一种基于最小冗余最大相关特征的马氏距离,用于冷却风扇的健康监测。该方法有助于避免多重共线性,并跟踪冷却风扇的退化趋势。Hsiao 等(2019)[54]将马氏田口方法与基于 Bagging 的集成学习方法结合,提出了"MTSbag"方法,以增强传统马氏田口方法处理不平衡数据的能力。

4. 马氏田口方法的应用研究

马氏田口方法采用的是数据分析,容易理解和操作,在实践中取得了很好的效率和效果,因而对其应用研究也就越来越多。Asada(2001)[55]将马氏田口方法应用于半导体晶片产量的预测,但其多维综合评价系统的优化仅考虑了电特性的变异性。Nakatsugawa 等(1999)[56]将马氏田口方法应用于印刷电路板的缺陷检测,同时基于马氏田口方法提出了层级式检测方法,以区分重大缺陷和允许误差,取得了很好的检测效果。Rika 等(1999)[57]将马氏田口方法应用于宇宙飞船传感器和制动器故障诊断,通过无人飞行器证实了马氏田口故障诊断的有效性。Nagao 等(2001)[58]将马氏田口方法应用于人脸识别系统,提高了边缘提取面部肖像(Edge-extracted Facial Image)方法在识别时对光线和面部位置波动的稳健性。Mitsuyoshi 等(2000)[59]将马氏田口方法应用于面部表情识别,并针对传统马氏田口方法优化过程中未能考虑变量组与组之间关系的局限性,提出利用遗传算法对多维综合评价系统进行优化。Lavallee 等(2000)[60]利用马氏田口方法优化彩色喷墨打印机色带盒质量检测系统,并根据质量水平将其分为可接受质量与不可接受质量两类,显著提高了检测准确性,降低了检测成本。Taguchi 等(2001)[61]按不同领域将马氏田口方法的成功应用案例进行了总结,其中包括医疗、制造业、电子、化学、航天工业、软件工业、市政等。

Paynter 和 Terry(2002)[62]在调研特许人和经销商的基础上,利用马氏田口方法分析了促使特许成功的关键因素。Ragsdell 和 Ragsdell(2002)[63]通过对比医院、学校和企业的异同,将企业持续改进技术应用于现代化医院管理,并提出利用马氏田口方法进行急诊自动化分析,提高了诊断的准确性和速度。Debnath 等(2005)[64]利用马氏田口方法将学生的异常期望区分出来,有利于学生总体满意度水平的准确测量,进而根据学生的总体满意度评价管理教育的质量水平。Morita 和 Haba(2005)[65]利用马氏田口方法的概念为数据包络分析(Data Envelopment Analysis, DEA)选择合适的输入/输出指标,以提高企业管理效率评价的准确性。为了提高软件评审与测试的绩效,Aman 等(2006)[66]基于马氏田口方法提出一种新颖模式来识别成本导向类软件,并通过对许多 Java 软件的评测验证了该方法的识别能力。Srinivasaraghavan 和 Allada(2006)[67]利用马氏田口施密特正交化(MTGS)法评价企业精益生产实施的现状,并根据异常方向和企业成本/资金约束选择优化方向。Cudney 等(2006)[68]将马氏田口方法应用于汽车性能测试与顾客满意率关系的建立,首先利用马氏距离和阈值剔除异常值,接着利用马氏田口伴随矩阵法(AMM)和马氏田口施密特正交化(MTGS)法筛选有效变量,最后基于有效变量利用回归分析和散点图建立模型预测顾客满意率。然而,如果筛选的有效变量不能满足回归分析的假设条件,则无法建立正确的回归模型。Kim 等(2016)[69]使用马氏田口方法评估变量的敏感性,并评估桥梁的健康状况。考虑到变量之间的相互作用和决策信息的不确定性,Yuan 和 Li(2017)[70]研究了基于马氏田口施密特正交化(MTGS)法和证据理论的直观梯形模糊随机决策方法,并将其应用于供应商选择。Zhan 等(2020)[71]将马氏田口方法和机器学习结合,以实现基于常规血液生物标志物的哮喘诊断。

Hayashi 等(2002)[72]将马氏田口方法作为生产控制系统的核心,用于区分正常生产能力与异常生产能力,进而确定异常的根本原因和设备的优先维修次序,在缩短周期时间的同时降低了劳动力成本。Rai 等(2008)[73]将马氏田口方法应用于在线工具条件的监测,根据钻头在线钻孔的衰变信号(Degradation Signals)进行断裂预测,显著降低了钻头的替换成本。Cudney 和 Ragsdell (2006,2007)[74, 75]详述了解决强相关问题的马氏田口伴随矩阵法(AMM)和马氏田口施密特正交化(MTGS)法,并将伴随矩阵法应用于车辆制动系统有效变量的选择。Hwang 等(2007)[76]将马氏田口方法应用于中心操纵感觉(On-center Steering Feel)的改进。Yang 和 Cheng(2010)[77]将 MTS 方法应用于倒装芯片的凸点高度检测过程,并选择了重要特征以提高检测效率。Yazid 等 (2015)[78]基于马氏田口方法和散点图提出了一种系统模式识别方法,并将其应用于再制造行业,以区分零件是否可以重复使用。Rizal 等(2017)[79]基于马氏田口方法提出了一种分类和检测铣削过程中刀具磨损的方法。Reyes-Carlos 等 (2018)[80]将马氏田口方法应用于汽车加工过程,并利用智能优化算法筛选重要的质量控制变量。

Kumagai 和 Umemura(2004)[81]将马氏田口方法应用于淡水不锈钢腐蚀评价。Kumagai 等(2006)[82]将马氏田口方法应用于淡水碳钢腐蚀评价。针对淡水质量数据收集难度大的问题,Itagaki 等(2006,2007)[83, 84]对传统的马氏田口方法进行改进,建立了人为的正常参考域(MS),并将其应用于淡水碳钢腐蚀诊断。其研究结果表明:相比于传统马氏田口方法和电化学方法,改进的马氏田口方法显著提高了区分度。Datta 和 Das(2007)[85]利用马氏田口方法研究了低碳素热轧钢的化学成分对钢材机械性能的影响,并根据机械性能等级将低碳素热轧钢分类,其重点在于确定单个化学成分对分类的影响,分析过程中结合了材料学方面的知识。

王海燕和赵培标 (2003)[86] 及王海燕 (2006)[87] 将顾客满意度指数 (Customer Satisfaction Index,CSI)测评的经典理论方法 Fornell 方法与马氏田口方法有机结合,从质量工程学角度构建出 CSI 测评的新平台——P-M 模糊测度空间,以此空间为背景实施 CSI 测评,大大提高了 CSI 测评系统的科学性,为企业绩效管理模式的快速识别提供科学依据。宗鹏和曾风章(2006)[88]将马氏田口方法应用于企业可持续发展评价体系的研究,其中给出了评价的阈值准则和置信度准则。钟晓芳和韩之俊(2004)[89]将马氏田口方法成功应用于多指标计测仪器的精度评价。王雪和李勇(2004)[90]在马氏距离判别分类法基础上提出了零件图像的马氏田口判别分类法,将对判别结果无贡献的特征去除,在提高计算速度的同时减少了误判率。薛跃等(2005)[91]将马氏田口方法应用于我国股票市场,以评估上市公司的财务质量,结果表明马氏田口方法可以较有效地识别存在财务质量以及财务造假问题的上市公司。叶芳羽等(2018)[92]基于马氏田口方法和数据包络分析构建了一种工业运行质量评价模型,并以湖南省工业运行质量评价为例进行实证研究。陈闻鹤等(2020)[93]基于马氏田口方法和集对分析方法,构建了企业疫情防控风险评估模型。为了解决传统马氏田口方法无法有效识别非线性数据的问题,常志朋等(2021)[94]构建了核主成分马氏田口方法,并将其应用于经济落后地区的数据集分析。

综上,传统马氏田口方法已经得到多方面的理论发展与成功应用。然而,多维综合评价系统优化中的强相关问题和样本诊断/预测的准确性问题等还有待进一步研究解决。同时,传统马氏田口方法的研究主要涉及多维综合评价系统的优化与样本诊断/预测,未涉及异常样本的溯源分析,而这恰恰是解决问题的关键所在。基于此,本书将对马氏田口方法进行深入研究,对其不足之处加以改进,对其欠缺内容加以丰富补充,以便其更好地应用于实践,实现质量控制与优化。

1.3 研究内容、目标与创新点

1.3.1 研究内容

针对多维综合评价系统优化与样本诊断溯源分析中需要解决的问题,本书重点研究以下内容:

(1) 多维综合评价系统优化中的强相关问题研究。通过分析强相关问题对马氏田口逆矩阵法的影响,一方面研究如何对马氏距离函数进行改进,使其不受强相关问题的影响;另一方面总结比较现有的综合评价指标,选择一个不受强相关问题影响的综合评价指标代替马氏距离函数对观测样本的异常程度进行衡量,彻底解决多维综合评价系统优化中的强相关问题。

(2) 多维观测样本的诊断/预测研究。在总结和比较多指标主观赋权法、客观赋权法和组合赋权法的优缺点、适用场合的基础上,研究马氏距离函数和另一个综合评价指标的特点,进而提出改进方法,使其考虑多维综合评价系统各指标/变量的相对重要程度,提高观测样本诊断/预测的准确性。

(3) 多维异常样本溯源理论与方法研究。结合综合评价指标的特点,一方面研究如何根据综合评价指标值确定异常样本的异常方向,对异常样本进行归类——"好"的异常与"坏"的异常;另一方面,研究如何将综合评价指标进行合理分解,并确定分解项的合理判定界限,以判断并解释异常样本的潜在异常原因,为质量改进提供参考。

以上研究内容的技术路线如图 1-2 所示。

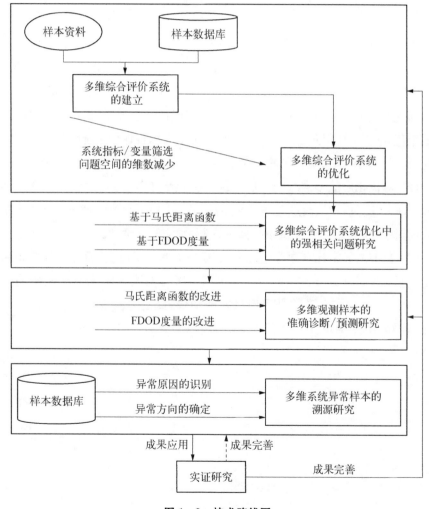

图 1-2　技术路线图

1.3.2　研究目标

本书基于马氏田口方法系统研究了多维综合评价系统优化与样本诊断溯源,拟提出一套完整的多维综合评价系统样本识别、诊断和溯源方法。这套方法不但能够有效解决多维综合评价系统优化中强相关问题,还能够提高多维综合评价系统样本诊断/预测的准确性,同时包含多维异常样本、异常方向确定和潜在异常原因识别方法,有效服务于产品质量检测、信用度评价和医疗诊断等领域的决策应用。

1.3.3　研究创新点

本书的研究创新之处可归纳为以下几点:

(1) 针对强相关问题,本书一方面对传统马氏距离函数进行改进,提出马氏田口 M - P 广义逆矩阵法,解决多维综合评价系统优化中的完全强相关问题;另一方面,引入信息论中的 FDOD 度量,将其与田口方法相结合,用于多维综合评价系统优化与样本诊断/预测分析,彻底解决多维综合评价系统优化中的强相关问题,这是对现有研究成果的重要补充。

(2) 对优化后的多维综合评价系统各变量赋予权重,进而改进马氏距离函数和 FDOD 度量,利用改进后的马氏距离函数或 FDOD 度量衡量观测样本的异常程度,提高了多维综合评价系统样本诊断/预测的准确性。

(3) 目前的异常样本溯源研究主要集中在单个变量上,而样本异常也可能是由变量之间的关系异常引起的。本书同时考虑上述两种导致异常的情况,将 MYT 正交分解法与改进的马氏田口方法结合,提出了多维异常样本的潜在异常原因识别方法,进一步丰富了多维系统溯源理论。

第二章
马氏田口方法的基本理论

本章系统介绍马氏田口方法的基本理论和部分理论发展内容,为本书后续章节铺平道路。首先,对多维系统的本质和马氏田口方法的两大基础——马氏距离和田口方法进行分析;其次,介绍马氏田口方法的基本步骤和基本特点;接着,从强相关问题、异常方向确定和部分相关问题等角度比较研究马氏田口逆矩阵法、施密特正交化法和伴随矩阵法;最后,对马氏田口方法在统计和操作方面所存在的一些问题进行研究与解释。

2.1 马氏田口方法概述

2.1.1 多维系统的本质

马氏田口方法是一种处理多维综合评价系统优化与样本诊断/预测分析的新方法,多维诊断系统如图 2-1 所示。为了建立合适的测量表,以对多维系统的观测样本进行综合评价/诊断,首先必须理解多维系统的本质。对多维系统的观测样本进行综合评价时需要基于多个变量/指标,然而这些变量并非相互独立,它们之间可能存在相关性,因此,我们计算多维系统观测样本与正常参考组(Reference Group)的距离时应考虑变量间的相关性,即不是采用欧氏距离,而是采用马氏距离来衡量观测样本的异常程度。需要注意的是,马氏田口方法中所采用的不是传统的马氏距离函数,而是用变量个数修改后的马氏距离函数,它可使多维系统的变量个数不受限制。然而,并非所有变量对样本诊断/预测都有作用,因此基于原始变量确定有效的变量子集就显得非常重要。决策者利用优化后的多维系统测量表衡量观测样本相对于正常参考组的异常程度,进而根据

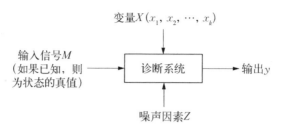

图 2-1 多维诊断系统

异常程度(输出)的大小对样本采取不同的措施。

同时,正确的决策应建立在系统状态不受噪声因素的影响上,即由稳健性决策。"稳健性"一词由美国的 Box 教授于 1953 年首先提出使用,然而它在不同的应用场合具有不同的含义。在会计理论和会计实务中,稳健性又称谨慎性,是指在不确定条件下,需要运用判断做出必要的估计时应包含一定程度的审慎,比如资产或收益不可高估,负债或费用不可低估。稳健统计是指在实际数据与假设模型偏离情况下,统计估计和推断的稳定性。稳健统计方法应具有三个特点[95]:一是对模型假设的小偏差具有稳定性;二是对数据中的离群值具有较强的抗干扰性;三是在多个典型模型下都有较好的性能。在产品/过程设计中,稳健性是指因变量 y(结果、响应)对自变量 X(原因、输入)发生微小变差和噪声因素 Z 的不敏感性。稳健性设计是对产品性能、质量、成本进行综合考虑而获得高质低价的现代设计方法,日本学者 Taguchi 博士于 20 世纪 70 年代创立的三阶段设计(Three Stage Design)[96]奠定了稳健性设计的基础。随着计算机技术的不断发展,国内外学者做了大量的稳健性设计理论与应用的研究。在多维综合评价系统优化与样本诊断/预测分析中,稳健性是指综合评价指标 y(输出)不受噪声因素 Z 的干扰,与输入信号 M(样本状态的真值)很好地对应,决策者据此可做出稳健性决策。

马氏田口方法中马氏空间的定义,可使多维诊断系统如图 2-2 所示。利用多维系统测量表对观测样本的异常程度进行诊断/预测,首先需要定义变量和正常参考组样本,它是进行下一步观测样本诊断/预测的基础。对于医疗诊断系统,正常参考样本意味着健康的人体;对于制造过程检测系统,正常参考样本则意味着合格的产品。现如今,变量的定义和正常参考样本的确定主要依赖于专业人士的丰富经验。确定了正常参考样本之后,就可以计算变量的均值(m_i)

和标准差（s_i），以及变量间的相关矩阵（C），这些数据构成的数据库常被称为马氏空间（MS）。由于正常参考组样本的马氏距离均值为1，所以马氏空间又被称为单位组（Unit Group）。

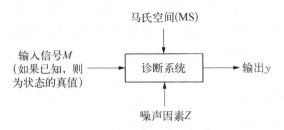

图 2 - 2　修改后的多维诊断系统

2.1.2　马氏田口方法的两大基础

马氏田口方法通过将数学与统计概念和田口方法的基本原则进行集成，形成一个多维测量表，用以衡量观测样本的异常程度。接下来，将对马氏田口方法的两大基础——马氏距离与田口方法分别加以分析。

1. 马氏距离

马氏田口方法中数学与统计概念的应用主要体现在马氏距离的计算上。马氏距离函数用于确定测量表的基础和参考点，以及衡量观测样本与参考点的距离。在马氏田口方法中，马氏距离的计算有多种方法，其中包括逆矩阵法、施密特正交化法和伴随矩阵法。

（1）逆矩阵法

马氏田口方法中最基本的方法就是马氏田口逆矩阵法。如果所研究的多维综合评价系统包含 k 个变量，则第 j 个样本的马氏距离如公式（2-1）所示。

$$MD_j = D_j^2 = Z_j' C^{-1} Z_j \qquad (2-1)$$

式中，$j = 1, 2, \cdots, n$；x_{ij} 为第 j 个样本的第 i 个变量值；z_{ij} 为 x_{ij} 标准化后的值，$z_{ij} = (x_{ij} - m_i)/s_i$；$m_i$ 为第 i 个变量的均值；s_i 为第 i 个变量的标准差；Z_j 为第 j 个样本的标准化向量；Z_j' 为向量 Z_j 的转置；C^{-1} 为相关矩阵 C 的逆矩阵。

然而，马氏田口方法中所采用的马氏距离函数是用变量个数 k 除过以后的，如公式（2-2）所示。

$$scaled\ MD_j = \frac{1}{k}Z_j'C^{-1}Z_j \qquad (2-2)$$

其中,k 为多维综合评价系统的变量个数。

修改后的马氏距离函数不仅可以使马氏空间的定义不受多维综合评价系统变量个数的限制,而且使马氏空间内正常参考样本马氏距离的均值为 $1^{[12]}$。需要注意的是,为了书写方便,在马氏田口方法中,直接以 MD_j 代表修改后的马氏距离。

(2) 施密特正交化法

在马氏田口施密特正交化法中,第 j 个样本马氏距离的计算如公式(2-3)所示。

$$MD_j = \frac{1}{k}\left(\frac{u_{1j}^2}{s_1^2} + \frac{u_{2j}^2}{s_2^2} + \cdots + \frac{u_{kj}^2}{s_k^2}\right) \qquad (2-3)$$

式中,$j=1, 2, \cdots, n$;k 为多维综合评价系统的变量个数;$u_{1j}, u_{2j}, \cdots, u_{kj}$ 分别为正交化向量 $U_1, U_2, \cdots, U_k$ 的第 j 个元素值;$s_1, s_2, \cdots, s_k$ 分别为正交化向量 $U_1, U_2, \cdots, U_k$ 的标准差。

上式中所用的正交化向量 U 是通过将原始向量 X 先标准化为向量 Z,再将标准化向量 Z 正交化所得的(如图 2-3 所示)。三个向量的具体表述如公式(2-4)、(2-5)和(2-6)所示。

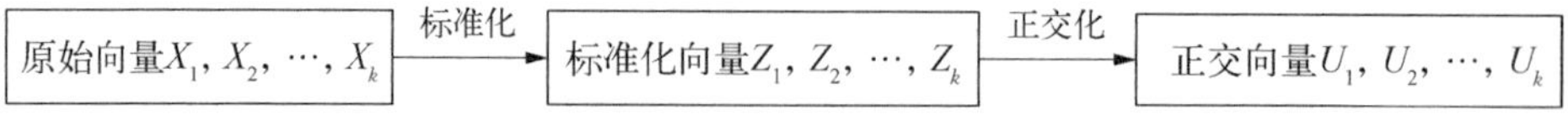

图 2-3　向量变换过程

$$X_1 = (x_{11}, x_{12}, \cdots, x_{1n})$$
$$X_2 = (x_{21}, x_{22}, \cdots, x_{2n})$$
$$\vdots$$
$$X_k = (x_{k1}, x_{k2}, \cdots, x_{kn}) \qquad (2-4)$$

$$Z_1 = (z_{11}, z_{12}, \cdots, z_{1n})$$
$$Z_2 = (z_{21}, z_{22}, \cdots, z_{2n})$$
$$\vdots$$

$$Z_k = (z_{k1},\ z_{k2},\ \cdots,\ z_{kn}) \tag{2-5}$$

$$U_1 = Z_1 = (u_{11},\ u_{12},\ \cdots,\ u_{1n})$$

$$U_2 = Z_2 - \frac{Z_2' U_1}{U_1' U_1} U_1 = (u_{21},\ u_{22},\ \cdots,\ u_{2n})$$

$$\vdots$$

$$U_k = Z_k - \frac{Z_k' U_1}{U_1' U_1} U_1 - \cdots - \frac{Z_k' U_{k-1}}{U_{k-1}' U_{k-1}} U_{k-1} = (u_{k1},\ u_{k2},\ \cdots,\ u_{kn}) \tag{2-6}$$

可以证明,由公式(2-2)和公式(2-3)计算的马氏距离是相等的[12]。

(3) 伴随矩阵法

相关矩阵 C 的逆矩阵可由公式(2-7)得到,即 C 的伴随矩阵除以 C 的行列式。Taguchi 和 Jugulum 认为伴随矩阵与逆矩阵具有相同的性质,因而可以利用伴随矩阵来计算马氏距离,如公式(2-8)所示。然而,这两个马氏距离在数值上是不相等的,它们之间的关系可用公式(2-9)表示。

$$C^{-1} = \frac{C^*}{|C|} \tag{2-7}$$

$$MDA_j = \frac{1}{k} Z_j' C^* Z_j \tag{2-8}$$

$$MD_j = \frac{MDA_j}{|C|} \tag{2-9}$$

式中, C^{-1} 为相关矩阵 C 的逆矩阵; C^* 为相关矩阵 C 的伴随矩阵; $|C|$ 为相关矩阵 C 的行列式; MDA_j 为用伴随矩阵计算的马氏距离; MD_j 为用逆矩阵计算的马氏距离,如公式(2-2)所示。

2. 田口方法

在马氏田口方法中,修改后的马氏距离函数用于衡量观测样本偏离正常参考组的程度,相似于工程质量,所以可以应用田口方法的基本原则优化多维系统测量表,并预测多维系统测量表的绩效。马氏田口方法主要应用了田口方法中的正交表(Orthogonal Arrays, OAs)和信噪比(Signal-to-Noise(S/N)Ratios),在此对其进行简单介绍。

（1）正交表

在马氏田口方法中，根据多维综合评价系统的变量个数 k 选择合适的二水平正交表，将变量分配到正交表的不同列，其中"1"表示选择该变量，"2"表示不选择该变量，则正交表每一行中水平为"1"的变量构成一个多维系统，参与马氏空间的生成，并基于此马氏空间计算样本的异常程度。例如，如果初始建立的多维综合评价系统有 6 个变量，即 x_1，x_2，x_3，x_4，x_5，x_6，则选择的正交表 $L_8(2^7)$ 及变量安排如表 2-1 所示。

表 2-1　正交表 $L_8(2^7)$ 及变量安排

行	1 x_1	2 x_2	3 x_3	4 x_4	5 x_5	6 x_6	7
1	1	1	1	1	1	1	1
2	1	1	1	2	2	2	2
3	1	2	2	1	1	2	2
4	1	2	2	2	2	1	1
5	2	1	2	1	2	1	2
6	2	1	2	2	1	2	1
7	2	2	1	1	2	2	1
8	2	2	1	2	1	1	2

第 1 行：1-1-1-1-1-1

对应正交表的第 1 行，每一个变量的水平均为"1"，所以马氏空间由变量即 x_1，x_2，x_3，x_4，x_5，x_6 构成，其相关矩阵为 $C_{6\times6}$，正常参考样本和异常样本的马氏距离以此马氏空间为基础来计算。

第 2 行：1-1-1-2-2-2

对应正交表的第 2 行，前 3 个变量的水平为"1"，后 3 个变量的水平为"2"，所以马氏空间由变量 x_1，x_2，x_3 构成，其相关矩阵为 $C_{3\times3}$，正常参考样本和异常样本的马氏距离以此马氏空间为基础来计算。

第 3 行：1-2-2-1-1-2

对应正交表的第 3 行，第 1 个变量、第 4 个变量和第 5 个变量的水平为"1"，其他 3 个变量的水平为"2"，所以马氏空间由变量 x_1，x_4，x_5 构成，其相关矩阵

为 $C'_{3\times3}$，正常参考样本和异常样本的马氏距离以此马氏空间为基础来计算。

依此类推，可得到 8 个不同的多维系统测量表，对应 8 个不同的马氏空间。

（2）信噪比

作为传统响应输出的替代，田口提出了信噪比的概念。他以信噪比作为评价功能性的指标，用以度量质量特征值的稳健程度。在马氏田口方法中，信噪比主要用于：确定有效变量；衡量系统的功能；为特定条件确定有效变量。同时，信噪比主要分为三大类型：越大越好型（Larger-the-better Type）、望目型（Nominal-the-best Type）和动态型（Dynamic Type）。

1）越大越好型信噪比

越大越好型信噪比适用于异常样本的真实水平不可知，且马氏空间之外的所有观测样本均为异常样本的情况下，其计算如公式（2 - 10）和公式（2 - 11）所示。

$$\eta_q = -10 \log_{10}\left[\frac{1}{t}\sum_{j=1}^{t}\left(\frac{1}{D_j^2}\right)\right] \qquad (2-10)$$

式中，η_q 为正交表第 q 行的信噪比；t 为异常样本的个数；D_j^2 为第 j 个异常样本的马氏距离。

$$\eta_i = -10 \log_{10}\left[\frac{1}{t}\sum_{j=1}^{t}\left(\frac{1}{(u_{ij}/s_i)^2}\right)\right] \qquad (2-11)$$

式中，η_i 为第 i 个正交化变量的信噪比；t 为异常样本的个数；s_i 为第 i 个正交化变量的标准差。马氏田口的逆矩阵法和伴随矩阵法均采用公式（2 - 10）计算越大越好型信噪比，而施密特正交化法采用公式（2 - 11）计算越大越好型信噪比。

2）望目型信噪比

望目型信噪比适用于马氏空间外正常样本和异常样本混合时信噪比的计算，其计算如公式（2 - 12）所示。

$$\eta_q = 10 \log_{10}\left[\frac{1}{t}\frac{S_m - V_e}{V_e}\right] \qquad (2-12)$$

$$S_m = \left(\sum_{j=1}^{t} D_j\right)^2\bigg/ t$$

$$V_e = \sum_{j=1}^{t}\frac{(D_j - \bar{D})^2}{(t-1)}$$

式中，η_q 为正交表第 q 行的信噪比；t 为马氏空间之外异常样本的个数；D_j^2 为第 j 个异常样本的马氏距离。在多维测量表优化阶段，不管是马氏田口的逆矩阵法，还是施密特正交化法和伴随矩阵法，均采用公式(2-12)计算望目型信噪比。

3) 动态型信噪比

动态型信噪比是主要针对动态系统的，根据不同情况又可分为两种：第一种是所有异常样本的异常程度真实水平是可知的；第二种是异常样本的异常程度真实水平不可知，但可使用组均值代替。动态型信噪比的计算如公式(2-13)所示。

$$\eta_q = 10 \log_{10} \left[\frac{1}{r} \cdot \frac{S_\beta - V_e}{V_e} \right] \tag{2-13}$$

$$S_\beta = (1/r) \left[\sum_{j=1}^{t} M_j D_j \right]^2$$

$$V_e = \left(\sum_{j=1}^{t} D_j^2 - S_\beta \right) \Big/ (t-1)$$

式中，η_q 为正交表第 q 行的信噪比；$r = \sum_{j=1}^{t} M_j^2$；M_j 为第 j 个异常样本的真实水平；D_j^2 为第 j 个异常样本的马氏距离。在多维测量表优化阶段，不管是马氏田口的逆矩阵法，还是施密特正交化法和伴随矩阵法，均采用公式(2-13)计算动态型信噪比。

2.2 马氏田口方法的基本步骤

马氏田口方法主要有四大基本步骤(如图2-4所示)，其具体描述如下。

2.2.1 构建一个含有马氏空间(MS)的测量表作为参考点

1. 确定变量，用以定义多维系统测量表

多维系统测量表构建中的一个重要步骤就是由专业人员确定多维综合评价系统所需考虑的变量(特征)。例如，在医学诊断中，医生针对健康人体必须考虑到与疾病有关的多个诊断变量。在产品质量检测中，工程师必须根据客户需求和产品性能要求确定衡量产品质量水平的多个检测变量。这些变量(特征)未经提炼，一般为数众多，故又称为粗特征。马氏田口方法的任务之一就是从粗特征

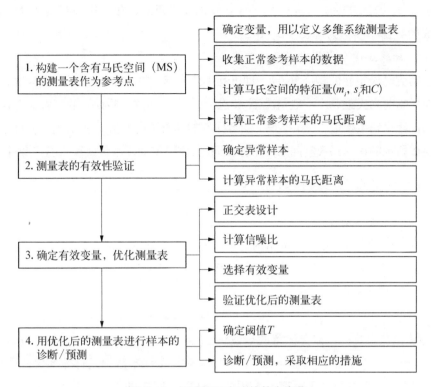

图 2-4 马氏田口方法的基本步骤

中筛选出有效变量(精特征),用于多维综合评价系统样本的诊断/预测分析。由于马氏田口方法采用正交表和信噪比进行变量选择,避免了穷举搜索法的不足之处,在处理较多(从几十到上百不等)变量时显得直观、简洁,因此在实际应用中广受青睐。

2. 收集正常参考样本的数据

一般情况下,由专业人员来界定样本是属于正常样本还是属于异常样本。由于界定样本正常与否主要依靠专业人员丰富的经验,存在较大的模糊性(如对健康人体和非健康人体,不同的人见解各异),因此为了保证样本界定的有效性,通常需要对正常或异常的样本数据进行验证性复查。界定完正常参考样本与异常样本之后,收集正常参考样本对应各变量的数据。一般来说,如果多维综合评价系统的变量个数为k,则正常参考样本的样本数n的理想大小为$3k$。

3. 计算马氏空间的特征量(m_i, s_i和C)

利用已收集到的正常参考样本数据,计算每一个变量的均值$m_i(i=1,$

$2, \cdots, k$) 和标准差 $s_i(i=1, 2, \cdots, k)$，以及变量间的相关矩阵 C，这些数据所组成的数据库被称为马氏空间（MS）。

4. 计算正常参考样本的马氏距离

得到马氏空间的特征量之后，即可利用公式（2-2）、（2-3）或（2-8）计算正常参考样本的马氏距离。一般情况下，由公式（2-2）和（2-3）计算的正常参考样本的马氏距离均值接近 1。如果正常参考样本的马氏距离均值大于 1，则表明样本量不足或所选的构建马氏空间的变量存在问题，需要增加样本量或重新确定变量。

2.2.2　测量表的有效性验证

1. 确定异常样本

在医学诊断中，异常样本指的是患有不同种类疾病的病人。实际上，为了验证测量表的有效性，异常样本可以是马氏空间以外的任何样本。

2. 计算异常样本的马氏距离

根据公式（2-2）、（2-3）或（2-8）计算异常样本的马氏距离，以验证多维系统测量表的有效性。需要注意的是，过程中需要利用马氏空间中的均值 $m_i(i=1, 2, \cdots, k)$ 和标准差 $s_i(i=1, 2, \cdots, k)$ 对异常样本数据进行标准化处理；同时，计算异常样本的马氏距离时采用的是马氏空间中的相关矩阵 C。如果异常样本的马氏距离大于正常参考样本的马氏距离，则说明所建立的多维系统测量表是有效的；否则，便需要重新定义变量或界定正常参考样本。

2.2.3　确定有效变量，优化测量表

并非每一个变量都有助于提高诊断/预测的精度，有些变量对诊断/预测没有任何帮助，甚至存在干扰，即对于多维系统测量表，并非包含的变量越多，诊断/预测的精度越高，而是存在 Hughes 峰值现象。因此，选择有效变量有利于简化马氏距离的计算、缩短诊断/预测时间，以及提高诊断/预测的精度。

1. 正交表设计

运用正交表筛选有效变量可以说是马氏田口方法的一个创举。在马氏田口方法中，根据多维综合评价系统的变量个数 k 选择合适的二水平正交表，将变量分配到正交表的不同列，其中"1"表示选择该变量，"2"表示不选择该变量，则正交表的每一行中水平为"1"的变量构成一个多维系统，参与马氏空间的生成。针对正交表第 q 行对应的多维系统测量表，计算 t 个异常样本的马氏距离 MD_{q1}，

MD_{q2}，…，MD_{qt}。 显然，这时异常样本的数据应降维使用，即剔除水平为"2"的变量所对应的数据后，再计算异常样本的马氏距离。

2. 计算信噪比

根据系统真实水平的可知性和马氏空间外异常样本与正常样本的混合性，选择相应的信噪比类型，并根据公式（2-10）、公式（2-12）或公式（2-13）计算正交表每一行的信噪比。如果部分相关不显著，且变量顺序可知，则可根据公式（2-11）直接计算正交化变量的信噪比。

3. 选择有效变量

信噪比 η_q 表示采用正交表第 q 行水平为"1"的变量时，多维系统测量表对异常样本的检出效果。η_q 越大，多维系统测量表对异常样本的检出效果越好。如果以 $\bar{\eta}_1 = \sum \eta_1 / s_1$ 表示采用该变量时对异常样本的平均检出效果，$\bar{\eta}_2 = \sum \eta_2 / s_2$ 表示不采用该变量时对异常样本的平均检出效果，则将 $\bar{\eta}_1 - \bar{\eta}_2 > 0(\mathrm{dB})$ 的变量定义为有效变量。其中，$\sum \eta_1$ 为某变量"1"水平的信噪比之和，$\sum \eta_2$ 为某变量"2"水平的信噪比之和，s_1 为正交表中该变量"1"水平的重复次数，s_2 为正交表中该变量"2"水平的重复次数。对于根据公式（2-11）计算的信噪比，则可直接根据信噪比大小选择有效变量。

4. 验证优化后的测量表

选择了有效变量之后，我们仍用这 n 个正常参考样本数据就这些有效变量生成马氏空间，以此为基础计算正常参考样本和异常样本的马氏距离，进而计算信噪比，验证优化后的测量表信噪比是否得到提高，系统变异是否得到降低。Wang 等（2004）[45] 将训练样本与测试样本区分开，即利用训练样本数据构建和优化多维测量表，而利用测试样本数据对优化后多维测量表进行验证。

2.2.4　用优化后的测量表进行诊断/预测

1. 确定阈值 T

马氏田口方法的另一大任务就是确定阈值 T。如何设定一个合理的阈值，这将涉及统计学理论和专业知识。在传统的多元方法中，阈值的确定大部分取决于误判的损失和概率，这不仅需要考虑第 Ⅰ 类错误，同时还需考虑第 Ⅱ 类错误。例如，在医学诊断中，漏掉一个需要早期治疗的不健康人体样本将是一个非常严重的问题。然而，在马氏田口方法中，阈值一般通过二次损失函数（QLF）来确定,它综合考虑了造成的损失和需要的成本。因为马氏距离的目标值为0,所以二次损失函数采用"望小"型(如图2-5所示),其计算如公式(2-14)所示。

$$L = \frac{A_0}{\Lambda_0^2} \cdot MD$$

$$\Lambda = \sqrt{\frac{A}{A_0}} \Lambda_0$$

$$T = \Lambda^2 \qquad\qquad (2-14)$$

式中,L 为损失;Λ_0 为功能界限,即与样本死亡或产品为废品的距离相对应的值;A_0 为相应 Λ_0 的损失;MD 为样本的马氏距离;A 为成本,即进一步诊断样本的成本或对操作人员提供额外培训的成本;T 为阈值。

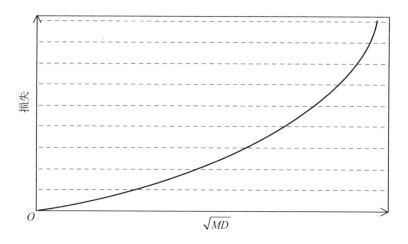

图 2-5 "望小"型二次损失函数示意

由于第 Ⅰ 类错误 α(把健康人体判为不健康而进行不必要的精密治疗的错误)所造成的损失和第 Ⅱ 类错误 β(把不健康人体判为健康而错过早期治疗的错误)所造成的损失必须由专业人员确定,所以阈值本质上是由专业人员依赖经验和分析确定的。在实际应用中,采用的简单方法为:确定有效变量后,重新计算所有正常参考样本和异常样本的马氏距离,采用尝试和估计的方法来估测两类错误 α 和 β。先将阈值设定为 T(距离小于 T 者均判为正常),计算正常参考组中被判为"异常"的样本所占比例,作为犯第 Ⅰ 类错误 α 的概率的估计;计算异常样本中被判为"正常"的样本所占比例,作为犯第 Ⅱ 类错误 β 的概率的估计。若此时 α 的概率和 β 的概率的估计值能满足专业需要,则将 T 确定为阈值。如不能满足,则需要继续尝试。

2. 诊断/预测,采取相应措施

采用优化后的多维系统测量表,对观测样本的异常程度进行诊断/预测,并基于观测样本的马氏距离大小采取相应的措施。传统的马氏田口方法在诊断/预测阶段计算观测样本的马氏距离时未考虑各变量相对重要程度的差异,降低了诊断/预测的精度,本书将在第三章对此进行研究。如果马氏距离特别小,则可适当拉长两次诊断的间隔时间,减少诊断次数,或可预测较长时间以后的样本状况。如果马氏距离特别大,则需分析是哪些变量单独或共同起作用的结果,进而找出相应的解决方案,本书将在第四章对此进行研究。

2.3 马氏田口方法的基本特点

马氏田口方法作为一种行之有效的多维综合评价系统优化与样本诊断/预测方法,具有如下四个特点:

2.3.1 马氏田口方法是一种测量方法,而非简单的分类方法

传统的多元方法(如判别与分类方法)多用于分类,即将观测样本归为不同的事先确定的类别。然而,马氏田口方法的主要目的在于建立一个多维系统测量表,用以衡量观测样本偏离正常参考组的程度,这将有利于帮助决策者采取与不同异常程度相对应的解决措施,提高决策的柔性。

2.3.2 马氏田口方法中只有一个正常总体,没有异常总体

传统的多元方法常常包括多个总体(例如正常总体和异常总体),然而马氏田口方法中只有一个正常总体(正常参考组),没有异常总体。因为每一个异常样本都是独一无二的,各有各的异常之处,不能一概而论。

2.3.3 马氏田口方法基于数据分析,而非概率与分布

传统的多元方法一般基于概率与分布来分析多维系统,为实际应用带来诸多不便,尤其对于不懂统计的人来说,应用起来就更加困难。基于数据分析的马氏田口方法让人应用起来更加简单容易。例如,它利用二次损失函数确定阈值,

以其作为多维统计过程控制的界限。

2.3.4 马氏田口方法可用于多维综合评价系统的优化

降低多维系统的维数是一个挑战性的课题,很多传统多元分析方法不能实现真正意义上的降维。例如,主元分析法通过减少主元个数来降低系统的维数,然而每一个主元都是所有原始变量的线性组合,所以它不能做到真正意义上的维数减少。马氏田口方法利用正交表和信噪比来确定有效变量,进而获得有效变量集以进行观测样本异常程度的诊断/预测,实现了真正意义上的维数减少。

2.4 马氏田口三种方法的比较研究

马氏田口方法主要有三种,即逆矩阵法、施密特正交化法(MTGS)和伴随矩阵法(AMM)。这三种方法各有优缺点,适用于不同的应用场景,现从不同角度对其进行对比分析。

2.4.1 强相关问题

在马氏田口逆矩阵法中,根据公式(2-2)计算样本的马氏距离,公式中相关矩阵的逆矩阵 $C^{-1} = C^* / |C|$。如果多维综合评价系统存在强相关问题,则相关矩阵的行列式 $|C|$ 等于0或接近于0。当作为分母的行列式等于0或接近于0时,逆矩阵 C^{-1} 将难以计算或变得很不准确,进而使基于逆矩阵计算的样本马氏距离难以计算或很不准确。

与逆矩阵法相比,马氏田口施密特正交化法中马氏距离的计算不依赖于相关矩阵的逆矩阵,因而其不受强相关问题的影响,即使强相关问题很显著,仍然可以计算出样本的马氏距离,且计算结果是准确的。

为了解决强相关问题,Taguchi 和 Jugulum 提出了马氏田口伴随矩阵法。在伴随矩阵法中,根据相关矩阵的伴随矩阵来计算样本的马氏距离,其不受强相关问题的影响。然而,用伴随矩阵计算出来的样本马氏距离在数值上与用逆矩阵计算出来的样本马氏距离有所不同,即用伴随矩阵计算的正常参考样本马氏距离的均值不为1,所以其马氏空间将不能被称为单位组。尽管伴随矩阵法不受强相关问题的影响,可以计算出准确的样本马氏距离,但是该方法不能代替逆矩阵法,因为其在多维综合评价系统优化分析阶段存在缺陷,可能无法选择出有效变量。关于这一点本书将在第五章重点分析说明,并在第六章和第七章提出更好的解决方案。

2.4.2　异常方向的确定

对于多维观测样本,利用马氏距离函数可以衡量其异常的程度。然而,确定其异常的方向也非常重要。例如,对于医学诊断系统,既存在不健康的人体样本("坏"的异常),也存在超健康的人体样本("好"的异常)。针对不健康的人体样本,医院会适当缩短两次诊断的间隔时间,并对该样本进行比较深入详细的检查。然而,对于超健康的人体样本,则可延长两次诊断的间隔时间。这样既不耽误诊断,又可以降低检查成本。对于学生成绩系统,成绩特别差的学生样本属于异常("坏"的异常),成绩特别好的学生样本也属于异常("好"的异常)。针对成绩特别差的学生样本,可采取辅导等措施使其进一步提高成绩;然而对于成绩特别好的学生样本,可对其加以各种形式的奖励。由此可见,对于多维观测样本,确定其异常方向是非常重要的。

Taguchi 和 Jugulum 认为,在马氏田口的三种方法中,由于逆矩阵法和伴随矩阵法通过相关矩阵计算样本的马氏距离,因而无法确定观测样本的异常方向;而施密特正交化法使用施密特正交化向量计算样本的马氏距离,所以可以用于确定观测样本的异常方向。

首先,用施密特正交化法研究只有两个向量 U_1 和 U_2 的情况,并基于正交化向量的符号和马氏距离的大小判断观测样本的异常方向——"好"/"坏"。然后,将同样的逻辑推广到多维系统 ($k > 2$)。对于两个变量的系统,由于原始向量 (X_1, X_2) 的马氏空间在平面坐标系中常常呈现椭圆形状,且正交变换后 (U_1, U_2),其椭圆形状仍保持不变,所以我们可以利用椭圆更加形象地说明观测样本异常的方向。接下来分四种情况[12]加以说明。

1. U_1 和 U_2 均为越大越好型

以学生成绩系统为例,T 代表阈值,U_1 代表学生的平均成绩,U_2 代表学生的托福考试成绩。很显然,这两个成绩都应越大越好,即对于"好"的异常,应满足 $U_1 > 0$,$U_2 > 0$,且样本马氏距离大于阈值 T;否则,均为"坏"的异常(如图2-6所示)。从数学角度描述为如果第 j 个观测样本属于"好"的异常,则需满足:

$$u_{1j} > 0, \ u_{2j} > 0, \ \text{且} \ \frac{1}{2}\left(\frac{u_{1j}^2}{s_1^2} + \frac{u_{2j}^2}{s_2^2}\right) > T$$

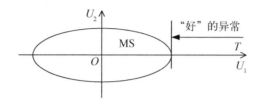

图 2-6 U_1 和 U_2 均为越大越好型

2. U_1 为越小越好型,U_2 为越大越好型

以银行准予贷款系统为例,T 代表阈值,U_1 代表家庭人数,U_2 代表家庭收入水平。很显然,家庭人数越少,收入越高,银行越愿意给其贷款,即对于"好"的异常,应满足 $U_1 < 0$,$U_2 > 0$,且样本马氏距离大于阈值 T;否则,均为"坏"的异常(如图 2-7 所示)。从数学角度描述为如果第 j 个观测样本属于"好"的异常,则需满足:

$$u_{1j} < 0, \ u_{2j} > 0, \ \text{且} \ \frac{1}{2}\left(\frac{u_{1j}^2}{s_1^2} + \frac{u_{2j}^2}{s_2^2}\right) > T$$

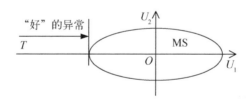

图 2-7 U_1 为越小越好型,U_2 为越大越好型

3. U_1 为越大越好型,U_2 为越小越好型

以材料检测系统为例,T 代表阈值,U_1 代表抗拉强度,U_2 代表发生断裂的概率。很显然,抗拉强度越大,发生断裂的概率越小,检测系统越好,即对于"好"的异常,应该 $U_1 > 0$,$U_2 < 0$,且样本马氏距离大于阈值 T;否则,均为"坏"的异常(如图 2-8 所示)。从数学角度描述为如果第 j 个观测样本属于"好"的异常,则需满足:

$$u_{1j} > 0, \ u_{2j} < 0, \ \text{且} \ \frac{1}{2}\left(\frac{u_{1j}^2}{s_1^2} + \frac{u_{2j}^2}{s_2^2}\right) > T$$

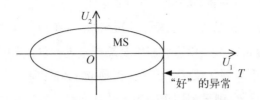

图 2 - 8 U_1 为越大越好型, U_2 为越小越好型

4. U_1 和 U_2 均为越小越好型

以电路监测系统为例, T 代表阈值, U_1 代表发生某过失的概率, U_2 代表蚀刻后线宽度的减少。很显然, 这两个向量都应越小越好, 即对于"好"的异常, 应该 $U_1 < 0$, $U_2 < 0$, 且样本马氏距离大于阈值 T; 否则, 均为"坏"的异常(如图 2 - 9 所示)。从数学角度描述为如果第 j 个观测样本属于"好"的异常, 则需满足:

$$u_{1j} < 0, \ u_{2j} < 0, \ 且 \ \frac{1}{2}\left(\frac{u_{1j}^2}{s_1^2} + \frac{u_{2j}^2}{s_2^2}\right) > T$$

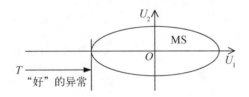

图 2 - 9 U_1 和 U_2 均为越小越好型

以此类推, 如果有 k 个向量, 则第 j 个观测样本为"好"的异常的条件为:
如果 U_1 是越大越好型, 则 $u_{1j} > 0$(如果 U_1 是越小越好型, 则 $u_{1j} < 0$);
如果 U_2 是越大越好型, 则 $u_{2j} > 0$(如果 U_2 是越小越好型, 则 $u_{2j} < 0$);
$$\vdots$$
如果 U_k 是越大越好型, 则 $u_{kj} > 0$(如果 U_k 是越小越好型, 则 $u_{kj} < 0$);
且 $\frac{1}{k}\left(\frac{u_{1j}^2}{s_1^2} + \frac{u_{2j}^2}{s_2^2} + \cdots + \frac{u_{kj}^2}{s_k^2}\right) > T$ 或 $\frac{u_{1j}^2}{s_1^2} + \frac{u_{2j}^2}{s_2^2} + \cdots + \frac{u_{kj}^2}{s_k^2} > kT$。
否则, 第 j 个观测样本为"坏"的异常。

2.4.3 部分相关问题

尽管正交化向量 $(U_1, U_2, \cdots, U_k)$ 之间是正交的, 但是正交化向量 $(U_1,$

U_2，…，U_k）与原始向量的标准化向量（Z_1，Z_2，…，Z_k）之间可能存在关系。这种关系可用部分相关系数进行衡量，Morrison（1967）[97]对此做了详细讨论。当采用马氏田口施密特正交化法对多维观测样本进行诊断/预测分析时，如果部分相关不显著，则不需要正交表，可以直接独立地估计每一个向量的效应。然而，如果部分相关显著，则需利用正交表来估计向量的效应。由于部分相关系数的计算与检验非常麻烦，所以建议不进行部分相关分析，而是直接利用正交表来估计效应，选择有效变量。

2.4.4 三种方法比较的总结

综上所述，马氏田口的三种方法各有优缺点，总结如表 2-2 所示。

表 2-2 马氏田口三种方法的比较

方　法	优　　点	缺　　点	应　用　条　件
逆矩阵法	◇ 计算比较简单； ◇ 不用考虑变量的排列次序和变量之间的部分相关性。	◇ 无法判断样本的异常方向； ◇ 受强相关问题的影响（当相关矩阵的行列式等于 0 或接近于 0 时，这种方法失效）。	◇ 不需要判断样本的异常方向； ◇ 强相关问题不显著。
施密特正交化法（MTGS）	◇ 不受强相关问题的影响； ◇ 可以判断样本的异常方向。	◇ 需要事先考虑变量的排列次序； ◇ 需要检验变量间的部分相关性。	◇ 需要判断样本的异常方向。
伴随矩阵法（AMM）	◇ 计算比较简单； ◇ 不用考虑变量的排列次序和变量之间的部分相关性； ◇ 不受强相关问题的影响。	◇ 无法判断样本的异常方向。	◇ 不需要判断样本的异常方向。

然而，Hawkins（2003）[16]对马氏田口施密特正交化法的优点提出了自己的看法：第一，对于强相关问题，只要相关矩阵的行列式不严格为 0，随着计算机计算精度的提高，就能准确计算出逆矩阵，进而准确计算出样本的马氏距离。第

二,利用施密特正交化法选择有效变量的做法是缺乏说服力的。Taguchi 和 Jugulum 通过医学诊断研究,从 17 个正交向量中选择了 9 个有效正交向量 (U_2,U_5,U_6,U_7,U_{10},U_{12},U_{13},U_{14},U_{15})。然而,由于 U_i 是前 i 个原始向量 X_1,X_2,$\cdots$,X_i 的函数,所以有效正交向量 U_{15} 意味着过程中选择了前 15 个原始向量,即 X_1,X_2,$\cdots$,X_{15}(即除了 X_{16} 和 X_{17} 以外的所有原始向量)。尽管 Taguchi 和 Jugulum 对主元分析法很不满意,但是他们所推崇的正交化向量方法与主元分析法存在类似的问题。第三,施密特正交化法在进行正交化转换时需要考虑变量的排列次序,变量的排列次序不同,转化后的正交化向量不同,导致信噪比存在差异,最终选择的有效正交向量也有所不同。然而,如果多维综合评价系统有 17 个变量,则会有 17! $\approx 3.56 \times 10^{14}$ 种排列次序。

2.5 研究与解释马氏田口方法在统计和操作方面的问题

尽管马氏田口方法在实际应用中取得了很大的成功,然而该方法在实际应用中也遇到了一些难以解释和操作的问题。为了使马氏田口方法能更好、更有效地应用于实践,本书在此对所遇到的问题加以研究与解释。

2.5.1 异常样本的选择问题

如前所述,现阶段正常参考样本的确定主要依赖于专业人员的经验。所谓正常,意味着样本没有任何异常情况。例如,对于医疗诊断系统,正常意味着没有任何疾病的健康人体;对于制造过程检验系统,正常意味着没有任何质量问题的合格产品;对于模式识别系统,正常意味着参考的标准模式。然而,异常指的是正常以外的任何异常样本。为了检验优化前、后多维系统测量表的有效性,应该考虑不同种类、不同异常程度的异常样本,即通过合理抽样选择具有代表性的异常样本。同时,马氏田口方法的数据分析也以合理抽样为基础。可见,合理抽样对马氏田口方法非常重要。

2.5.2 分类的解释问题(阈值的使用)

马氏田口方法区别于传统多元分析方法的一大特点就在于它偏重于测量而

非分类。马氏田口方法建立的多维系统测量表是一个连续测量表,它可以测量观测样本偏离正常参考组的程度,其范围为 $0 \sim +\infty$。当然,我们也可以利用二次损失函数(QLF)确定用于多元统计过程控制的阈值 T。然而,阈值的确定与马氏田口方法建立的测量样本异常程度的连续测量表并不矛盾。恰恰相反,阈值是基于样本的异常程度确定的。阈值代表几个关键的异常程度,根据阈值可以对样本进行简单的分类。然而,马氏田口方法不仅可以根据阈值对样本分类,而且能提供更多的有关样本异常程度方面的信息。

2.5.3　测量表的有效性验证问题("高"的界定问题)

马氏田口方法的第二步骤是对建立的多维系统测量表进行有效性验证。按照 Taguchi 和 Jugulum 的定义,如果异常样本的马氏距离高于正常参考样本的马氏距离,则可认为所建立的测量表是有效的。然而,此处所谓的"高"是相对的。如果"高"代表异常样本的最小马氏距离高于正常参考样本的最大马氏距离,则在很大程度上限制了马氏田口方法的应用。因此,需要事先确定一个合适的比例,以便判断测量表的有效性。

2.5.4　正交表的选择问题

马氏田口方法的主要贡献在于利用实验设计的正交表进行变量选择。全因子实验的数据分析有简洁的公式可循,但其突出的问题是需要很多次实验;部分因子实验次数较少,但其数据分析比较麻烦,很难给出一般的公式。鉴于此,人们常常应用正交表组织部分实验,既能保证较少的实验次数,又能方便分析,更重要的是它在方差模型的假设下具有诸多统计优良性[96-98]:均衡性——在实验所有布点上预测方差都相等;D-最优——估计量的广义方差最小;A-最优——被估参数估计值与真值之间的均方误差最小;E-最优——估计量的协方差矩阵的最大特征根最小;M-最优——实验点上估计值的方差平均最小;G-最优——预报区域内预测值的最大预报方差最小。这些统计优良性可以保证通过正交表所得出结论的可靠性。

马氏田口方法实际是利用二水平正交表,并结合了田口正交表实验设计的优化思想,进行有效变量选择。由于交互作用对正交表优化结果有影响,所以需要慎重对待。处理交互作用的方法主要有:慎重选择优化变量,采用信噪比;适当选择可分性判据指标(如马氏距离),尽量避免高阶交互作用;发展几张特殊的正交表,如 $L_{12}(2^{11})$、$L_{18}(2\times 3^7)$ 和 $L_{36}(2^{11}\times 3^{12})$,使得交互作用能够均匀分布在特殊正交表的各列上,从而消除它们的影响;通过验证实验检验最佳方案是否存在交互作用。另外,也存在一些适合用于筛选有效变量的实验设计方法,如因素轮换法、超饱和表设计、Cotter 筛选法和多步分组筛选法等[98],可作为马氏田口正交表设计的补充。

　　一些统计学家认为马氏田口方法中不涉及实验成本,仅涉及计算成本,随着计算机性能的提高可以明显降低计算成本,所以为了获得更佳的有效变量集,应该采用全因子实验。然而,随着系统复杂性的增加,变量个数也明显增多,全因子实验将受到很大限制,而且通过全因子实验和部分因子实验优化后的系统性能差别很小,因此没有必要花费过多的计算成本一味追求全因子实验。当然,学者们也在努力寻找一个选择最优变量组合的规则或另一种信噪比来确定有效变量集。Abraham 和 Variyath(2003)[15]提出了前向选择程序,即按照信噪比大小依次逐一增选变量,取得了很好的效果。Woodall 等(2003)[13]提出用秩相关系数代替传统的信噪比,实现样本异常程度与真实水平最大程度的匹配。

2.5.5　关于异常样本真实水平的定义问题

　　马氏田口方法对异常样本真实水平的定义不是很明确。在马氏田口方法的第三步骤,需要利用信噪比选择有效变量集。然而,信噪比有三种不同类型:越大越好型、望目型和动态型。对于动态型信噪比,又可根据真实水平的可知性分为两类:真实水平可知与真实水平不可知。对于异常样本的真实水平不可知型,需要通过计算组平均值来近似代表其真实水平。需要注意的是,这些组平均值的计算应该用所有变量,而不是用正交表不同行所选择的变量来计算。虽然 Taguchi 和 Jugulum 的医疗诊断案例计算中采用的也是所有变量,但是没有明确指出具体计算过程及细节,使人操作起来有些困难。

2.6　本章小结

　　马氏田口方法通过将数学与统计概念和田口方法的基本原则进行集成形成一个多维系统测量表,用以衡量观测样本的异常程度。

　　首先,本章介绍了传统马氏田口方法的两大基础——马氏距离和田口方法,并介绍了其四大基本步骤：第一，构建一个含有马氏空间的测量表作为参考点；第二，测量表的有效性验证；第三，确定有效变量，优化测量表；第四，用优化后的测量表进行诊断/预测。

其次，分析了马氏田口方法的基本特点，包括：马氏田口方法是一种测量方法，而非简单的分类方法；马氏田口方法中只有一个正常总体，没有异常总体，每一个异常样本都是独一无二的；马氏田口方法基于数据分析，而非概率与分布；马氏田口方法可用于多维综合评价系统的优化，实现真正意义上的维数降低。

接着，对比分析了三种马氏田口方法。根据马氏距离计算公式的不同，马氏田口方法包括逆矩阵法、施密特正交化法和伴随矩阵法。这三种方法在解决多维系统强相关问题、部分相关问题和异常方向确定等方面各有优缺点，因而适用于不同的应用场景。

最后，对马氏田口方法在统计和操作方面所存在的一些问题进行了研究与解释。为了检验多维系统测量表的有效性，应该考虑不同种类、不同异常程度的异常样本，即通过合理抽样选择具有代表性的异常样本；马氏田口方法建立的多维系统测量表是一个连续测量表，不仅可以根据阈值对观测样本进行分类，而且能提供更多的有关样本异常程度方面的信息；关于异常样本与正常参考样本的马氏距离，应事先确定一个合适的"高"的比例，用以验证多维系统测量表的有效性；正交表的选择应考虑到变量交互作用的影响；用所有变量，而不是用正交表不同行所选择的变量来计算组平均值，以近似代表异常样本的真实水平。

第三章
基于改进马氏距离的多维观测样本诊断/预测研究

本章在第二章基础理论分析的基础上,重点对多维观测样本诊断/预测分析的综合衡量指标——马氏距离函数进行改进,以提高诊断/预测的准确性。首先,对比分析马氏距离相对于欧氏距离的优点所在,说明马氏田口方法采用马氏距离函数来衡量多维观测样本异常程度的合理性。其次,分析马氏距离函数多变量权重赋予的必要性与可行性。在此基础上,分析几种常用的主观赋权方法,包括直接打分法、分值分配法、两两比较法和排序法。接着,重点分析赋权重马氏距离函数在马氏田口方法中应用的阶段性和具体实施步骤。最后,通过某医院血黏度诊断系统的实证分析验证本章所提出方法的有效性。

3.1 马氏距离概述

对于多维系统,研究样本或变量的亲疏程度的数量指标有两种:相似系数和距离。实践应用中常用距离来测度样本之间的亲疏程度,它是将每一个样本看作 k 维空间的一个点,并用某种度量测量点与点之间的距离。

定义距离的方法可以有很多,但不论用什么方法来定义距离,都必须遵循一定的规则。若用 d_{ij} 表示第 i 个样本与第 j 个样本之间的距离,则一般要求 d_{ij} 满足下列四个条件[99,100]:

条件一:$d_{ij} \geqslant 0$,对一切 i,j 都成立(非负);

条件二:$d_{ij} = 0$,若样本样本 i 与样本 j 的各变量值都相同;

条件三:$d_{ij} = d_{ji}$,对一切 i,j 都成立(对称性);

条件四:$d_{ij} \leqslant d_{ih} + d_{hj}$,对一切 i,j,h 都成立(三角不等式)。

如果所定义的距离只满足条件一、二和三,而不满足条件四,则称此距离为广义距离。常用的距离的定义和算法有很多,如明氏距离、杰氏距离、兰氏距离、马氏距离、斜交空间距离等,但是大部分距离都没有考虑变量间的相关性,仅度量样本间的直线距离。本节主要讨论欧氏距离(明氏距离的特例)和马氏距离,以及马氏距离相对于欧氏距离的优势所在。

3.1.1 欧氏距离

明氏距离是由闵可夫斯基(Minkowski)定义的一种距离,是实践中常用的数种距离的通式,其计算如公式(3-1)所示。

$$d_{ij}(q) \leqslant \left[\sum_{p=1}^{k} |x_{pi} - x_{pj}|^q \right]^{1/q} \qquad (3-1)$$

当 q 取各种不同的值时,就会得到各种不同的距离公式,即有:

当 $q=1$ 时,称为绝对值距离,有:

$$d_{ij}(1) = \sum_{p=1}^{k} |x_{pi} - x_{pj}| \qquad (3-2)$$

当 $q=2$ 时,称为欧氏距离,即欧几里得距离(Euclidean Distance),有:

$$d_{ij}(2) \leqslant \left[\sum_{p=1}^{k} |x_{pi} - x_{pj}|^2 \right]^{1/2} \qquad (3-3)$$

当 $q=+\infty$ 时,称为切比雪夫(Chebychev)距离,有:

$$d_{ij}(+\infty) = \max(|x_{pi} - x_{pj}|) \qquad (3-4)$$

欧氏距离作为明氏距离的特例,因而具有明氏距离的优缺点。欧氏距离定义简明,计算也简单,在实际中用得很多,但是该距离也具有一些缺点:欧氏距离的值与各变量的量纲有关,而各变量计量单位的选择有一定的人为性和随意性,各变量计量单位的不同不仅使此距离的实际意义难以明确,而且任何一个变量计量单位的改变都会使此距离的数值改变,从而使该距离的数值依赖于各变量计量单位的选择;欧氏距离的定义没有考虑各变量间的相关性,即未考虑点的分布,仅度量样本间的直线距离。

3.1.2 马氏距离

马氏距离(Mahalanobis Distance,MD)是由印度著名统计学家马哈拉诺比斯(Mahalanobis)定义的一种距离,其计算如公式(3-5)所示。

$$d_{ij}^2(M) = (X_{(i)} - X_{(j)})'\Sigma^{-1}(X_{(i)} - X_{(j)}) \tag{3-5}$$

式中,$X_{(i)}$ 和 $X_{(j)}$ 分别为第 i 个样本和第 j 个样本的 k 个变量观测值组成的列向量,即样本数据矩阵中第 i 个和第 j 个行向量的转置;$\sum$ 为变量间的协方差矩阵。在实践应用中,若总体协方差矩阵 $\sum$ 未知,则可用样本协方差矩阵 S 作为 $\sum$ 的估计。

马氏距离又被称为广义欧氏距离(Generalized Euclidean Distance)。显然,马氏距离与欧氏距离的最大不同就是,马氏距离考虑了观测变量之间的相关性。如果假定各变量之间相互独立,即观测变量的协方差矩阵是对角矩阵,则马氏距离就退化为用各个观测变量的标准差的倒数作为权数进行加权的欧氏距离。因此,马氏距离不仅考虑了观测变量之间的相关性,而且也考虑到了各个观测变量取值的差异程度,消除了各个观测变量不同量纲的影响。这表明,马氏距离对任何非奇异线性变换都具有不变性。

3.1.3 马氏距离与欧氏距离的比较

本节以二维系统 (x_1, x_2) 为例,用图形对马氏距离与欧氏距离进行直观比较分析。如图 3-1 所示,实线圆表示欧氏距离的边界,点线椭圆表示马氏距离的边界,A 和 B 代表两个未知的样本点。如果采用欧氏距离,则相对于正常参

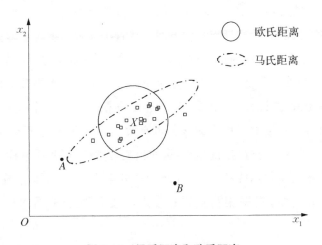

图 3-1 马氏距离和欧氏距离

考组的中心点,样本 A 和 B 具有相同的异常程度。也就是说,从欧氏距离这一尺度来看,二者是没有差别的。然而,如果采用马氏距离,则样本 A 相比于样本 B 更接近于正常参考组,因为样本 A 的马氏距离明显小于样本 B 的马氏距离。两种距离算法得出不同结论的原因主要在于欧氏距离没有考虑观测变量之间的相关性,即未考虑点的分布。

若变量 x_1 与 x_2 没有相关性,即相关系数 $r_{12}=0$,则经过标准化处理的数据,其马氏距离与欧氏距离的计算结果是完全相同的,且马氏距离的椭圆也将退化为欧氏距离的正圆;若变量 x_1 与 x_2 具有相关性,即相关系数 $r_{12} \neq 0$,则采用欧氏距离得出的结论显然是不正确的。相关系数 $r_{12}>0$ 时为右上椭圆,$r_{12}<0$ 时为右下椭圆,且随着相关系数绝对值的增大,椭圆变得越发细长。

上述结论可以推广到多维系统 ($k \geqslant 3$) 的情形,如 $k=3$ 为椭球面,$k>3$ 为超椭球面。由此可见,对于多维综合评价系统的优化与观测样本的诊断/预测分析,Taguchi 和 Jugulum 采用马氏距离函数来衡量样本的异常程度是合理的。

3.2　马氏距离变量权重赋予的必要性与可行性

3.2.1　马氏距离变量权重赋予的必要性

观测样本的综合评价与多目标决策(Multiple Objective Decision Making, MODM)有一定的相似性。在多目标决策中,决策者根据多个目标(变量)评价备选方案的优劣性,进而选择出最优方案。尽管决策者需要考虑多个目标,然而各个目标在决策者心目中的重要程度是不一样的,因而在评价函数的构建中需要确定各变量的重要程度,即赋予各变量不同的权重。在多维观测样本诊断/预测分析中,各变量(指标)的重要程度应该也是不相同的。同时,对于不同的多维综合评价系统,各变量重要程度的含义也有所不同。例如,在医学诊断中,各变量的重要程度代表各变量与所诊断疾病的相关程度;在产品质量检测中,各变量的重要程度则代表顾客对该产品各检测变量的重视程度。因此,在多维观测样本诊断/预测分析中,根据相对重要程度对各变量赋予不同的权重是非常必要的。

相对于其他计测尺度,马氏距离函数具有很重要的统计意义。它不仅考虑了各观测变量之间的相关性,而且也考虑到了各个观测变量取值的差异程度,消除了各个观测变量不同量纲的影响。然而,如前所述,在多维观测样本诊断/预测分析中,各个观测变量的相对重要程度是不相同的,传统马氏距离函数却忽略了这一点,它仅仅考虑了数据本身提供的信息,降低了样本诊断/预测的准确性。在马氏田口方法中,为了使马氏空间的定义不受多维综合评价系统变量个数的限制,Taguchi 和 Jugulum 利用变量个数 k 对传统马氏距离函数进行了修改,然而这仅仅相当于对各个观测变量赋予了相同的权重。因此,为了提高多维观测样本诊断/预测的准确性,有必要对马氏距离函数进行改进,使其考虑各变量的相对重要程度,更加符合多维观测样本诊断/预测的实际情况。

3.2.2　马氏距离变量权重赋予的可行性

传统的马氏距离函数如公式(3-6)所示。

$$MD_j = Z_j' C^{-1} Z_j \qquad (3-6)$$

式中,MD_j 为第 j 个观测样本的马氏距离;Z_j 为第 j 个样本的标准化向量(特征向量);Z_j' 为向量 Z_j 的转置;C^{-1} 为相关矩阵 C 的逆矩阵。

在马氏田口方法中,Taguchi 和 Jugulum 利用变量个数 k 对传统马氏距离函数进行了修改,如公式(3-7)所示。

$$scaled\ MD_j = \frac{1}{k} Z_j' C^{-1} Z_j \qquad (3-7)$$

何桢和张于轩(2003)[101]在传统马氏距离函数的基础上,结合质量损失函数,引入反映顾客需求的权矩阵,提出了一种改进的马氏距离函数,用以解决质量工程中的多响应优化问题。尽管研究的目的与本书有所不同,但是其对马氏距离改进的思想值得本书借鉴。在多维观测样本的诊断/预测分析中,如果考虑各变量的相对重要程度,则可将 Taguchi 和 Jugulum 修改的马氏距离函数进一步修改为:

$$MD_j^* = Z_j' W C^{-1} Z_j \qquad (3-8)$$

式中,MD_j^* 为第 j 个观测样本的赋权重马氏距离;W 为一个对角矩阵,$W = diag(w_1, w_2, \cdots, w_k)$;$w_i (i=1, 2, \cdots, k)$ 为多维系统各观测变量的权重,$w_i \in [0, 1]$,且 $\sum_{i=1}^{k} w_i = 1$。

以二维系统 $X'=(x_1, x_2)$ 为例,将马氏距离函数展开进行分析。原始向量 $X'=(x_1, x_2)$ 的标准化向量为 $Z'=(z_1, z_2)$,相关矩阵为 $C=\begin{bmatrix} 1 & r \\ r & 1 \end{bmatrix}$,r 为相关系数,权重矩阵为 $W=diag(w_1, w_2)$,则马氏距离函数为:

$$MD = Z'C^{-1}Z = (z_1, z_2)\begin{bmatrix} 1 & r \\ r & 1 \end{bmatrix}^{-1}\begin{bmatrix} z_1 \\ z_2 \end{bmatrix} = \frac{1}{(1-r^2)}(z_1^2 - 2rz_1z_2 + z_2^2)$$

$$scaled\ MD = \frac{1}{2}Z'C^{-1}Z = \frac{1}{2}(z_1, z_2)\begin{bmatrix} 1 & r \\ r & 1 \end{bmatrix}^{-1}\begin{bmatrix} z_1 \\ z_2 \end{bmatrix}$$

$$= \frac{1}{(1-r^2)}\left(\frac{1}{2}z_1^2 - rz_1z_2 + \frac{1}{2}z_2^2\right)$$

$$MD^* = Z'WC^{-1}Z = (z_1, z_2)\begin{bmatrix} w_1 & 0 \\ 0 & w_2 \end{bmatrix}\begin{bmatrix} 1 & r \\ r & 1 \end{bmatrix}^{-1}\begin{bmatrix} z_1 \\ z_2 \end{bmatrix}$$

$$= \frac{1}{(1-r^2)}(w_1z_1^2 - rz_1z_2 + w_2z_2^2)$$

由上述分析可知,公式(3-8)中 W 与 C^{-1} 相乘后仅仅改变了 C^{-1} 对角线位置的数值,非对角线位置的数值没有发生任何变化,即马氏距离变量权重的赋予未破坏变量间的相关性。同时,如果多维系统各变量的权重相等,即 $w_i=1/k$ ($i=1, 2, \cdots, k$),则公式(3-8)退化为公式(3-7),也就是说,Taguchi 和 Jugulum 修改后的马氏距离函数可以看作是赋权重马氏距离函数的一个特例。由此可见,在多维观测样本诊断/预测阶段,考虑各变量权重,对马氏距离函数进行改进是合理且可行的。

3.3 马氏距离变量权重赋予的方法——主观赋权法

变量权重是综合评价的重要信息,由变量的社会价值、决策者的管理目的、评价者的个人知识等多种因素决定。目前关于如何确定权重的研究取得了不少成果,其确定方法也有数十种之多,根据计算权重时原始数据的来源不同大致可归为三类,即主观赋权法、客观赋权法和组合赋权法。

主观赋权法有多种,研究也比较成熟,如德尔菲法、层次分析法、序关系分析法(G1 法)、专家排序法等。主观赋权法是专家根据自身的知识和经验对变量进行重要性排序,并赋予相应权重,体现的是专家对变量重要性的主观意愿,得到的权重解释性较强。一般来说,专家在确定变量权重时,较多从变量本身的经济意义(或技术意义)来考虑其重要性,因此可以称主观赋权法确定的权重为价值量权重。然而,主观权重并不能体现变量的数据信息。

客观赋权法也有多种,常用的有主元分析法、变异系数法、复相关系数法[102]、离差最大化法[103]、均方差法[104]、熵值法[105]等。客观赋权法是根据评价对象的实际数据经数学处理来对变量赋权。一般来说,它们是根据各变量值变异程度或(和)各变量之间的相关关系来确定变量的重要性的,因而其权重具有绝对的客观性,故可称客观权重法确定的权重为信息量权重。客观权重反映了变量的数据信息,然而其会随着评价对象集的变化而变化,即稳定性要弱于主观权重;同时,客观权重无法体现变量自身的重要性,且解释性弱于主观权重。

为了让综合评价结果更科学,一个合理的做法就是将不同赋权方法所得的权重按照一定的方法进行组合。有关组合赋权法的研究也有不少,大致可归为乘法合成法[106]和线性加法合成法[107]两大类。乘法合成法由于存在使大者更大,小者更小的“倍增效应”,故仅适用于变量权重分配较均匀的情况;线性加法合成法克服了乘法合成法的“倍增效应”,具有较好的应用效果,但其关键在于确定各种赋权方法的加权系数。

多目标决策的主要目的是根据多个变量对备选方案加以排序。各变量权重确定的一个基本思想是使各备选方案的综合评价值尽可能分散,越分散越有利于方案的排序与决策。然而,多维观测样本诊断/预测分析不同于多目标决策,它不仅需要根据各变量综合判断观测样本正常与否,同时还需要准确衡量观测样本的异常程度。传统的马氏距离函数既考虑了各变量之间的相关性,又考虑了各变量取值的差异程度,即相当于已经考虑了变量的客观权重。然而,它的不足是没有考虑各变量的相对重要性,因而需要与主观赋权法相结合,以便准确衡量多维观测样本的异常程度。鉴于此,本节主要介绍几种常用的主观赋权法,包括直接打分法、分值分配法、两两比较法和排序法,并将其应用于传统马氏距离函数的改进。

3.3.1　直接打分法

直接打分法(Direct Rating Method)[108]是指专家根据实际问题直接对各变

量的权重打分,分值越高,对应变量越重要,打分完毕再通过归一化处理获得各变量的最终权重值。变量权重归一化处理如公式(3-9)所示:

$$w_i = w_i^* \bigg/ \sum_{i=1}^{k} w_i^* \qquad (3-9)$$

式中,w_i^* 为归一化处理之前直接打分得到的第 i 个变量的权重,$w_i^* \in [0, 1]$ 或 $w_i^* \in [0, 100]$;w_i 为归一化处理之后第 i 个变量的权重,$w_i \in [0, 1]$,且 $\sum w_i = 1$。

3.3.2 分值分配法

分值分配法(Point Allocation Method)[109]是指专家根据变量重要程度把 100 分分配给各变量,作为各变量在综合评价中的权重,分值越高,对应变量越重要。该方法的一个约束条件就是各变量所得权重分值之和为 100。分值分配法不仅需要对各变量根据相对重要性排序,还需估计各变量的相对重要程度,以便合理分配分值。它与直接打分法的区别在于获得的各变量权重分值不需要进行归一化处理。然而,这个约束条件却给专家打分带来诸多不便,使其考虑分值分配合理性的同时需要考虑分值之和的约束,进而导致不同专家所确定的变量权重的差异较大。

为了克服分值分配法不同专家所确定的变量权重差异大的缺点,美国兰德公司于 1964 年提出了德尔菲法,并将其应用于决策领域。德尔菲法是指请一批有经验的专家对如何确定各变量权重发表意见,然后用统计平均方法估算出各变量的权重,其具体步骤如下[110]:

第一步,把较为详尽的背景资料发给选定的 n 位专家,请专家们分别各自独立地估计各变量的权重,将结果列入表 3-1 中。

表 3-1 德尔菲法各变量权重估计记录表

专家序号	x_1	x_2	···	x_k
1	w_{11}	w_{12}	···	w_{1k}
2	w_{21}	w_{22}	···	w_{2k}
⋮	⋮	⋮	⋮	⋮
n	w_{n1}	w_{n2}	···	w_{nk}

第二步,计算各变量权重的样本均值及各偏差值。

样本均值:$\bar{M}(w_i) = \dfrac{1}{n}\sum\limits_{j=1}^{n} w_{ji}$, $i = 1, 2, \cdots, k$

每一位专家对各变量权重的估计值与均值的偏差:$\Delta_{ji} = w_{ji} - \bar{M}(w_i)$

第三步,进一步分析 $\bar{M}(w_i)$ 是否合理,特别让估计值偏差 Δ_{ji} 较大的专家充分发表意见,消除估计中的一些误解。

第四步,附上进一步的补充资料后,请各位专家重新对各变量权重做出估计值 w_{ji},再一次计算变量权重估计的均值及方差。

$$\widetilde{M}(w_i) = \frac{1}{n}\sum_{j=1}^{n} w_{ji}, \quad i = 1, 2, \cdots, k$$

$$\widetilde{D}(w_i) = \frac{1}{n-1}\sum_{j=1}^{n}\left[w_{ji} - \widetilde{M}(w_i)\right]^2$$

重复上述步骤,经过几次反复后,直到第 p 步估计方差小于或等于预先给定的标准 $\varepsilon(\varepsilon > 0)$。

第五步,将第 p 步得到的均值 $\widetilde{M}(w_i)$ 及方差 $\widetilde{D}(w_i)$ 再送交各位专家,请他们做最终的判断,给出各变量权重的最终估计值 $w'_{ji}(j = 1, 2, \cdots, n; i = 1, 2, \cdots, k)$,同时还要请各位专家标出各自对所给估计值的"信任度"$l_{ji}(j = 1, 2, \cdots, n; i = 1, 2, \cdots, k)$。"信任度"表示专家对自己所做估计的把握程度,且规定信任度取值为 $[0, 1]$。 当专家有绝对把握时,$l_{ji} = 1$;当专家毫无把握时,$l_{ji} = 0$;除去上述两种极端情形,$0 < l_{ji} < 1$。 德尔菲法中"信任度"的引入,可以在一定程度上降低专家评判的主观效应,从而在一定程度上保证权重确定过程的客观性。

第六步,确定最终的变量权重估计值。

第 i 个变量之权重的最终估计值如公式(3-10)所示。

$$\bar{w}_i = \frac{1}{|M_\lambda^{(i)}|}\sum_{j \in M_\lambda^{(i)}} w'_{ji} \tag{3-10}$$

式中,λ 为预先给定的标准,且 $0 < \lambda < 1$;l_{ji} 为第 j 位专家就第 i 个变量权重估计值给出的"信任度";$M_\lambda^{(i)} = \{j \mid l_{ji} > \lambda, j = 1, 2, \cdots, n\}$;$|M_\lambda^{(i)}|$ 为集合 $M_\lambda^{(i)}$ 中元素的个数。即以 λ 为"尺子",将"信任度"达不到 λ 的估计值全部删除,以余

下估计值的平均值作为权重的最终估计值。

当然，各变量权重之最终估计值的确定也可采用其他方法，如线性加权法等，限于篇幅，本书对此不再赘述。

3.3.3 两两比较法

两两比较法(Pairwise Comparisons Method)[111]是指专家通过两两比较的方式，对各变量的相对重要程度进行判断，并通过引入 $1\sim9$ 比率标度(见表 3-2)将这种判断定量化，形成判断矩阵 A(见表 3-3)，进而综合判断并计算获得各变量的权重。判断矩阵 A 必须满足下述三个特性：

特性一，$a_{ii}=1$　$(i=1, 2, \cdots, k)$；

特性二，$a_{ij}=1/a_{ji}$　$(i, j=1, 2, \cdots, k)$；

特性三，$a_{ij}=a_{ip}/a_{jp}$　$(i, j, p=1, 2, \cdots, k)$。

表 3-2　变量重要程度的标度及含义

标　度	含　　义
1	表示两个变量相比，同等重要
3	表示两个变量相比，一个变量比另一个变量稍微重要
5	表示两个变量相比，一个变量比另一个变量明显重要
7	表示两个变量相比，一个变量比另一个变量强烈重要
9	表示两个变量相比，一个变量比另一个变量绝对重要
2,4,6,8	上述相邻判断的中值

表 3-3　两两比较法的判断矩阵

	x_1	x_2	$\cdots$	x_k
x_1	a_{11}	a_{12}	$\cdots$	a_{1k}
x_2	a_{21}	a_{22}	$\cdots$	a_{2k}
$\vdots$	$\vdots$	$\vdots$	$\vdots$	$\vdots$
x_k	a_{k1}	a_{k2}	$\cdots$	a_{kk}

只有满足上述三个特性的判断矩阵才具有完全一致性。由于客观事物的复杂性和人们认识客观世界的片面性,使得判断矩阵不可能表现出完全的一致性,但应该要求有大致的一致性,因而引入判断矩阵的一致性指标来检查人们判断思维的一致性。

两两比较法确定变量权重的具体步骤如下:

第一步,构造判断矩阵 A。在构造判断矩阵之前,必须组织相关专家对实际问题及各个变量进行深入分析和讨论,然后由各位专家独立打分,求其平均值构造判断矩阵,如表3-3所示。

第二步,检验判断矩阵的一致性。当 $C.R. = C.I./R.I. < 0.1$ 时,一般认为判断矩阵具有满意的一致性,否则就需要对判断矩阵进行调整,直到使其具有满意的一致性。其中, $C.I.$ 为判断矩阵的一致性指标,计算如公式(3-11)所示。

$$C.I. = \frac{\lambda_{\max} - k}{k - 1} \tag{3-11}$$

式中, k 为判断矩阵的阶数; $\lambda_{\max}$ 为判断矩阵的最大特征值。$R.I.$ 为平均随机一致性指标,其数值由表3-4给出。

表3-4　平均随机一致性指标 R.I.

阶数 k	1	2	3	4	5	6	7	8	9	10
$R.I.$	0	0	0.58	0.9	1.12	1.24	1.32	1.41	1.45	1.48
阶数 k	11	12	13	14	15	16	17	18	19	20
$R.I.$	1.52	1.55	1.56	1.59	1.61	1.62	1.64	1.65	1.67	1.68

第三步,计算各变量的权重。对于通过一致性检验的判断矩阵 A,求解最大特征值问题: $AW^* = \lambda_{\max} W^*$,得特征向量 W^*,并将其归一化得到特征向量 $W = (w_1, w_2, \cdots, w_k)'$,即为各变量对应的权重。有关 $\lambda_{\max}$ 和 W 的计算有很多方法,如幂法、方根法等,本书不再赘述。

当运用两两比较法时,如果一致性检验结果 $C.I. > 0.1$,则需要将判断结果返回给专家重新调整。为了使判断更具科学性,必须提高打分专家的判断能力和水平。两两比较法的典型应用就是层次分析法(AHP),它由美国匹兹堡大学

Saaty 教授于 20 世纪 70 年代中期提出,为解决那些难以定量描述的决策问题带来极大方便,从而使它的应用几乎涉及任何学科领域。

3.3.4 排序法

在变量权重的确定过程中,不管是直接打分还是通过两两比较,都属于主观赋权,专家在打分或比较过程中很难准确地估计各变量权重的分值或相对重要程度的标度,也就是说,在分值或标度的差异感知上存在一定的难度,基于此产生了另一种主观赋权法——排序法(Rank Ordering Method)[112,113]。该方法只需专家按相对重要程度对各变量进行排序,随后基于排序结果即可间接地计算出各变量"真实"权重的近似值,减轻了专家决策过程的负担。

将排序结果转化为各变量近似权重的方法也有多种,如秩心(Rank Order Centroid, ROC)法、秩和(Rank Sum, RS)法和秩倒数(Rank Reciprocal, RR)法等,不同方法对应的权重计算公式不同,分别如公式(3-12)、(3-13)和(3-14)所示。根据公式分别计算 2~10 个变量的 ROC、RS 和 RR 权重,如表 3-5、3-6 和 3-7 所示[114]。

表 3-5　秩心(ROC)权重

秩(R_i)	变量个数(k)								
	2	3	4	5	6	7	8	9	10
1	0.750 0	0.611 1	0.520 8	0.456 7	0.408 3	0.370 4	0.337 9	0.314 3	0.292 9
2	0.250 0	0.277 8	0.270 8	0.256 7	0.241 7	0.227 6	0.214 7	0.203 2	0.192 9
3		0.111 1	0.145 8	0.156 7	0.158 3	0.156 1	0.152 2	0.147 7	0.142 9
4			0.062 5	0.090 0	0.102 8	0.108 5	0.110 6	0.110 6	0.109 6
5				0.040 0	0.061 1	0.072 8	0.079 3	0.082 8	0.084 6
6					0.027 8	0.044 2	0.054 3	0.060 6	0.064 6
7						0.020 4	0.033 4	0.042 1	0.047 9
8							0.015 6	0.026 2	0.033 6
9								0.012 3	0.021 1
10									0.010 0

表 3-6　秩和(RS)权重

秩(R_i)	变量个数(k)								
	2	3	4	5	6	7	8	9	10
1	0.666 7	0.500 0	0.400 0	0.333 3	0.285 7	0.250 0	0.222 2	0.200 0	0.181 8
2	0.333 3	0.333 3	0.300 0	0.266 7	0.238 1	0.214 3	0.194 4	0.177 8	0.163 6
3		0.166 7	0.200 0	0.200 0	0.190 5	0.178 6	0.166 7	0.155 6	0.145 5
4			0.100 0	0.133 3	0.142 9	0.142 9	0.138 9	0.133 3	0.127 3
5				0.066 7	0.095 2	0.107 1	0.111 1	0.111 1	0.109 1
6					0.047 6	0.071 4	0.083 3	0.088 9	0.090 9
7						0.035 7	0.055 6	0.066 7	0.072 7
8							0.027 8	0.044 4	0.054 5
9								0.022 2	0.036 4
10									0.018 2

表 3-7　秩倒数(RR)权重

秩(R_i)	变量个数(k)								
	2	3	4	5	6	7	8	9	10
1	0.666 7	0.545 5	0.480 0	0.437 9	0.408 2	0.385 7	0.367 9	0.353 5	0.341 4
2	0.333 3	0.272 7	0.240 0	0.219 0	0.204 1	0.192 8	0.184 0	0.176 7	0.170 7
3		0.181 8	0.160 0	0.146 0	0.136 1	0.128 6	0.122 6	0.117 8	0.113 8
4			0.120 0	0.109 5	0.102 0	0.096 4	0.092 0	0.088 4	0.085 4
5				0.087 6	0.081 6	0.077 1	0.073 6	0.070 7	0.068 2
6					0.068 0	0.064 3	0.061 3	0.058 9	0.056 9
7						0.055 1	0.052 5	0.050 5	0.048 8
8							0.046 0	0.044 2	0.042 7
9								0.039 3	0.037 9
10									0.034 1

秩心(ROC)权重：

$$w_i(ROC) = \frac{1}{k} \sum_{j=i}^{k} \frac{1}{j} \quad i = 1, 2, \cdots, k \qquad (3-12)$$

式中，k 为变量的总个数。

秩和(RS)权重：

$$w_i(RS) = \frac{2(k+1-R_i)}{k(k+1)} \quad i = 1, 2, \cdots, k \qquad (3-13)$$

式中，k 为变量的总个数；R_i 为第 i 个变量的秩。

秩倒数(RR)权重：

$$w_i(RR) = \frac{1/i}{\sum_{j=1}^{k} \frac{1}{j}} \quad i = 1, 2, \cdots, k \qquad (3-14)$$

式中，k 为变量的总个数。

学者们对上述三种秩近似权重法进行了比较研究，模拟结果表明：尽管 ROC 权重、RS 权重和 RR 权重都很有效，但是最能准确代表"真实"权重的是 ROC 权重[115,116]。ROC 法假设专家的"真实"权重之和自然而然为一个固定数 1 或 10，因而它是分值分配法确定变量权重的最好代替。同时，ROC 法假设"真实"权重服从均匀分布(Uniform Distribution)，这在某些环境下是不合理的。Belton 和 Stewart(2002)[117] 指出，ROC 权重中最高权重与最低权重的比率是非常大的，导致最低权重对应的变量对综合评价仅有微乎其微的影响，而一般情况下这样的变量在决策模型中是被删除掉的。基于此，Roberts 和 Goodwin (2002)[114] 提出了秩分布(Rank Order Distribution，ROD)法，该方法基于原始权重的概率分布计算变量权重的近似值，是直接打分法确定指标权重的最好代替，同时克服了 ROC 权重的极端值问题。随着变量个数的增加，ROD 权重的计算难度随之增大；然而，随着变量个数的增加，ROD 权重更加接近于 RS 权重，因此可用实际中常用 RS 权重代替 ROD 权重。

3.4 改进的马氏田口方法

传统的马氏田口方法包括四大基本步骤：构建一个含有马氏空间的测量表

作为参考点;测量表的有效性验证;确定有效变量,优化测量表;用优化后的测量表进行诊断/预测。每一步骤都涉及样本马氏距离的计算,那么,是否每一步都需要采用赋权重马氏距离函数呢? 或者只是在某一步采用赋权重马氏距离函数? 本节将详述赋权重马氏距离函数在多维系统马氏田口方法中的具体应用。

3.4.1　赋权重马氏距离在马氏田口方法中应用的阶段性

传统马氏田口方法的四大基本步骤可以分为两个阶段。第一阶段包括前三大步骤,该阶段的主要目的是:建立并优化多维系统测量表,提高异常样本与正常参考样本的区分度。在此过程中,有关各变量相对重要程度的信息不是很充足或不是很准确,因而采用等权重马氏距离函数,如公式(3-7)所示。如果事先已经知道各变量的相对重要性,也就没有必要通过本阶段进行变量筛选,可直接根据变量相对重要程度选择有效变量。同时,在本阶段考虑各变量权重的意义也不大,因为马氏距离变量权重赋予的主要目的是为了提高多维观测样本诊断/预测的准确性,而不是筛选有效变量。然而,对于第二阶段优化后的多维系统测量表,则应综合数据分析结果和经验知识对各变量赋予权重,即采用赋权重马氏距离函数,如公式(3-8)所示,对观测样本进行诊断/预测分析,这样得到的分析结果才能更加准确、合理地反映样本的异常程度。改进的马氏田口方法如图3-2所示。

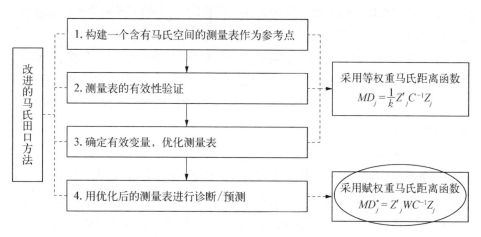

图3-2　改进的马氏田口方法

3.4.2　改进的马氏田口方法的具体实施步骤

改进的马氏田口方法仍然包含四大基本步骤,其中前三大步骤与传统马氏田口方法相同,故在此不再赘述。接下来,重点分析改进的马氏田口方法的第四个步骤——用优化后的测量表进行诊断预测。

1. 确定变量的权重

对于多维综合评价系统,经过第一阶段变量筛选之后,测量表中保留下来的变量都是比较重要的,每个变量对样本的综合评价都有影响,但其影响程度却存在一定的差异,因而需要对各变量赋予不同权重,以反映各变量在综合评价中的贡献度。一般情况下,优化后的多维系统测量表不会存在某个变量极端重要或者极端不重要的情况。如果某个变量极端重要,则其他不重要的变量将会被删除,仅根据该极端重要变量进行样本诊断/预测分析,多维系统也将演变为单维系统;如果某个变量极端不重要,则该变量将会在第一阶段的测量表优化中直接被筛选掉。由此可见,优化后测量表的各变量尽管在贡献度上存在差异,但该差异又不至于过大,避免了极端情况的发生。

多维综合评价系统不同,其对应的变量重要程度的含义不同,因而采用的确定变量权重的方法也有所不同。例如,对于医学诊断系统,变量的重要程度代表各变量与所诊断疾病的相关程度,应由医学方面的专家依据医学常识和经验知识来确定各变量的主观权重。为了避免专家赋权时的主观随意性,可以采用多种途径和方法,如遴选专家时注重专家的领域知识和经验、注意专家本身判断的一致性、增加专家数量、考虑专家是否具有代表性、给不同专家赋予不同权重等。对于产品质量检测系统,变量的重要程度则代表顾客对该产品各检测变量的重视程度,应选择具有代表性的顾客通过市场调研获得各变量的主观权重;然而,通过市场调研获得顾客准确、一致的变量权重值比较困难,因而建议采用排序法确定变量权重的近似值,该方法尤其适合于系统变量较多的情况,可减轻顾客的决策负担,有利于市场调研的顺利完成。

2. 确定阈值 T

利用优化后的测量表进行多维观测样本诊断/预测分析时,一项重要任务就是确定阈值。在传统马氏田口方法中,阈值一般是通过“望小”型二次损失函数(QLF)来确定,它综合考虑了造成的损失和需要的成本。在改进的马氏田口方法中,马氏距离变量权重的赋予不会影响阈值确定方法的选择,即仍可采用“望小”型二次损失函数的数据分析法,并根据实际情况反复试算加以确定。

3. 诊断/预测,采取相应措施

对于优化后的多维系统测量表,确定了各变量权重和阈值之后,即可对观测样本进行诊断/预测分析。计算各观测样本的赋权重马氏距离,并基于马氏距离值的大小对样本采取相应的措施。如果马氏距离特别小,则可适当拉长两次诊断的间隔时间,减少诊断次数,或可预测较长时间以后的样本状况。如果马氏距离特别大,则需通过分析是哪些变量单独或共同起作用的结果,进而找出相应的解决方案。

3.5　实证研究

3.5.1　数据来源

本章选用某医院血黏度诊断系统进行实证研究。该医院现阶段诊断血黏度时考虑了 16 个变量(如表 3 - 8 所示),其中性别属于分类变量,其余均属于计量变量。为了分析和优化该诊断系统,收集了 102 个正常参考样本(健康人体)和 66 个异常样本(患有不同严重程度疾病的非健康人体)。需要注意的是,样本属于正常还是异常是根据现阶段的诊断系统事先判断的。

表 3 - 8　血黏度诊断系统的变量(优化前)

序号	变 量 名 称	变量符号	序号	变 量 名 称	变量符号
1	性别	x_1'	9	红细胞压积	x_9'
2	年龄	x_2'	10	全血高切还原黏度	x_{10}'
3	全血黏度值(1)	x_3'	11	全血低切还原黏度	x_{11}'
4	全血黏度值(2)	x_4'	12	血沉方程 K 值	x_{12}'
5	全血黏度值(3)	x_5'	13	纤维蛋白原	x_{13}'
6	全血黏度值(4)	x_6'	14	全血高切相对黏度	x_{14}'
7	血浆黏度值	x_7'	15	全血低切相对黏度	x_{15}'
8	ESR 血沉	x_8'	16	红细胞变形指数 TK	x_{16}'

3.5.2　数据分析与结果

针对该医院现阶段的血黏度诊断系统,基于收集的正常参考样本和异常样本数据,利用本章提出的改进的马氏田口方法(逆矩阵法)对其进行优化和样本诊断/预测分析。

1. 建立多维系统测量表,并对其有效性进行验证

利用收集的 102 个正常参考样本数据,计算每一个变量的均值 m_i ($i=1$, 2, …, 16) 和标准差 s_i ($i=1$, 2, …, 16),以及变量间的相关矩阵 $C_{16\times16}$ (相关矩阵和相关矩阵的逆矩阵分别见附录表 1 和表 2),这些数据将构成该血黏度诊断系统的马氏空间。

获得马氏空间的特征量之后,将所有样本数据进行标准化转换,并利用公式 (3-7) 计算正常参考样本和异常样本的马氏距离,如表 3-9 所示。

表 3-9 样本的马氏距离(逆矩阵法)(优化前)

	1	2	3	4	…	99	100	101	102	均值
正常	0.865	0.978	0.993	0.348	…	1.194	1.514	0.619	0.951	**0.990 19**

	1	2	3	4	…	63	64	65	66	均值
异常	3.271	2.914	4.225	3.729	…	1.392	6.989	2.599	1.415	**5.383 32**

由表 3-9 可知,正常参考样本马氏距离的均值为 0.990 19≈1。 同时,虽然不是所有异常样本的马氏距离都大于正常参考样本的马氏距离,但是大部分还是大于的,且其均值为 5.383 32,从图 3-3 也可直观地看出大部分异常样本的马

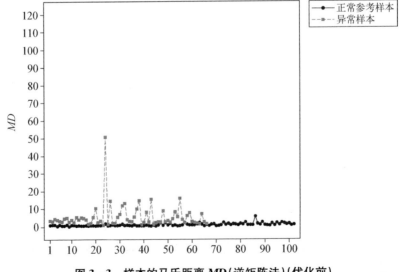

图 3-3 样本的马氏距离 *MD*(逆矩阵法)(优化前)

氏距离大于正常参考样本的马氏距离。因此,可以认为现阶段的测量表是有效的,可进入测量表的优化阶段。

2. 确定有效变量,优化测量表

接下来利用正交表和信噪比对有效的测量表进行优化。由于现阶段的诊断系统有 16 个变量,故采用正交表 $L_{20}(2^{19})$,如表 3 - 10 所示。

表 3 - 10　正交表 $L_{20}(2^{19})$ 及变量安排(逆矩阵法)

行	1 x'_1	2 x'_2	3 x'_3	4 x'_4	5 x'_5	6 x'_6	7 x'_7	8 x'_8	9 x'_9	10 x'_{10}	11 x'_{11}	12 x'_{12}	13 x'_{13}	14 x'_{14}	15 x'_{15}	16 x'_{16}	17	18	19	η_q
1	2	1	2	2	1	1	1	1	2	1	2	1	2	2	2	2	1	1	2	8.013
2	2	2	1	2	2	1	1	1	1	2	1	2	1	2	2	2	2	1	1	8.187
3	1	2	2	1	2	2	1	1	1	1	2	1	2	1	2	2	2	2	1	9.084
4	1	1	2	2	1	2	1	1	1	1	1	2	1	2	2	2	2	2	2	16.930
5	2	1	1	2	1	1	2	1	1	1	2	1	2	1	2	2	2	2	2	6.394
6	2	2	1	1	2	1	1	2	1	1	1	2	1	2	1	2	1	2	2	5.954
7	2	2	2	1	1	2	1	1	2	1	1	1	2	1	2	1	2	1	2	9.464
8	2	2	2	2	1	1	2	1	1	2	1	1	1	2	1	2	1	2	1	8.623
9	1	2	2	2	2	1	1	2	1	1	2	1	1	1	1	1	2	1	2	4.813
10	2	1	2	2	2	2	1	1	2	1	2	2	1	1	1	1	1	2	1	7.465
11	1	2	1	2	2	2	2	1	1	2	1	2	2	1	1	2	1	1	2	22.529
12	2	1	2	1	2	2	2	2	1	1	2	1	2	2	1	1	1	1	1	−0.118
13	1	2	1	2	1	2	2	2	2	1	1	2	1	2	2	1	2	1	1	2.108
14	1	1	2	1	2	1	2	2	2	2	1	1	2	1	2	2	2	2	1	16.710
15	1	1	1	2	1	2	1	2	2	2	2	1	1	2	1	2	1	2	2	9.833
16	1	1	1	1	2	1	2	1	2	2	2	2	1	1	2	1	2	1	2	17.962
17	2	1	1	1	1	2	1	2	1	2	2	2	2	1	1	2	1	2	1	0.486
18	2	2	1	1	1	1	2	1	2	1	2	2	2	2	1	1	2	2	1	4.880
19	1	2	2	1	1	1	1	2	1	2	1	2	2	2	2	1	1	2	2	1.471
20	1	1	1	1	1	1	1	1	1	1	1	1	1	1	1	1	1	1	1	18.009

首先,针对正交表的每一行建立相应的马氏空间,并利用公式(3 - 7)计算异常样本的马氏距离。接着,基于异常样本的马氏距离计算正交表每一行的信噪

比。由于本案例异常样本的真实水平未知，且马氏空间外的所有观测样本均为异常样本，所以选择越大越好型信噪比，即采用公式(2-10)，计算结果如表 3-10 的最后一列所示。其次，根据正交表的每一行信噪比计算每一个变量对应的 $\bar{\eta}_1$ 和 $\bar{\eta}_2$，以及 $\bar{\eta}_1 - \bar{\eta}_2$，结果如表 3-11 所示。最后，根据变量信噪比增加值 $\bar{\eta}_1 - \bar{\eta}_2$ 的正负号选择有效变量($\bar{\eta}_1 - \bar{\eta}_2 > 0$)。最终，通过马氏田口逆矩阵法选择的有效变量为：$x'_8$，$x'_1$，$x'_{12}$，$x'_{15}$，$x'_2$，$x'_{13}$，$x'_3$，$x'_6$，$x'_{11}$，$x'_9$。

表 3-11　信噪比增加值(逆矩阵法)

变　　量	$\bar{\eta}_1$	$\bar{\eta}_2$	$\bar{\eta}_1 - \bar{\eta}_2$
x'_1	11.945	5.935	6.010
x'_2	10.168	7.711	2.457
x'_3	9.634	8.245	1.389
x'_4	8.390	9.489	−1.099
x'_5	7.982	9.898	−1.916
x'_6	9.506	8.374	1.132
x'_7	7.332	10.548	−3.216
x'_8	12.252	5.627	6.625
x'_9	9.159	8.720	0.439
x'_{10}	7.607	10.273	−2.666
x'_{11}	9.269	8.610	0.659
x'_{12}	11.461	6.418	5.043
x'_{13}	9.966	7.914	2.052
x'_{14}	8.441	9.439	−0.998
x'_{15}	10.640	7.240	3.400
x'_{16}	8.474	9.406	−0.932

同时，我们可以通过 t 检验对变量进行显著性检验，如图 3-4 所示。需要注意的是：利用 t 检验进行显著性检验时，不仅包括正效应，同时还包括负效应。然而，在马氏田口方法中仅需要对正效应进行检验，不需要关注负效应的显著性，且马氏田口方法选择的有效变量包括不显著的正效应。

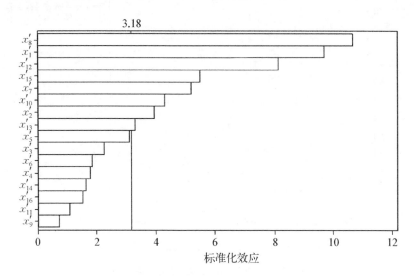

图 3-4 标准化效应的排列图

由图 3-4 可知,变量 x'_8,x'_1,x'_{12},x'_{15},x'_2,x'_{13}($\alpha=0.05$)的正效应很显著,且排列顺序与正交表选择出的有效变量顺序相同,由此可以验证利用正交表选择有效变量的可靠性。

确定了有效变量 x'_8,x'_1,x'_{12},x'_{15},x'_2,x'_{13},x'_3,x'_6,x'_{11},x'_9,即建立优化后的测量表后,需要对优化后的测量表进行验证,检验是否变异得到降低,诊断精度得到提高。根据优化后的马氏空间计算正常参考样本和异常样本的马氏距离,如表 3-12 和图 3-5 所示,正常参考样本马氏距离的均值为 0.990 19 ≈ 1,异常样本马氏距离的均值为 6.057 23,大于 5.383 32(优化前异常样本马氏距离的均值),表明无效变量的删除确实提高了测量表的区分度。表 3-13 比较分析了优化前、后的系统性能,可知系统变异范围减少了 11.82%,即优化后的多维系统得到了明显改善。

表 3-12 样本的马氏距离(逆矩阵法)(优化后)

	1	2	3	4	…	99	100	101	102	均值
正常	0.906	0.626	0.674	0.238	…	1.446	1.193	0.652	1.368	**0.990 20**

	1	2	3	4	…	63	64	65	66	均值
异常	3.256	2.859	2.813	3.571	…	2.046	8.309	2.860	2.020	**6.057 23**

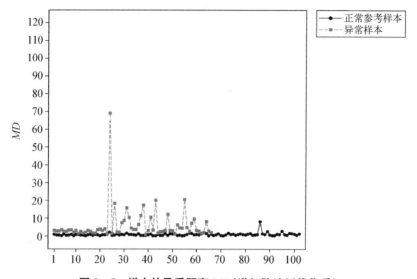

图 3 - 5　样本的马氏距离 MD (逆矩阵法) (优化后)

表 3 - 13　信噪比分析 (逆矩阵法)

S/N 比 (原始系统)	18.009	S/N 比增加	1.089
S/N 比 (优化系统)	19.098	变异范围的降低/%	**11.82**

3. 利用优化后的测量表进行诊断/预测分析

为了后续研究方便,将选择的有效变量重新编号,优化后的血黏度诊断系统变量如表 3 - 14 所示。

表 3 - 14　血黏度诊断系统的变量 (优化后)

序号	变 量 名 称	变量符号	序号	变 量 名 称	变量符号
1	性别	x_1	6	红细胞压积	x_6
2	年龄	x_2	7	全血低切还原黏度	x_7
3	全血黏度值(1)	x_3	8	血沉方程 K 值	x_8
4	全血黏度值(4)	x_4	9	纤维蛋白原	x_9
5	ESR 血沉	x_5	10	全血低切相对黏度	x_{10}

为了提高多维观测样本诊断/预测的准确性,在优化后的诊断/预测分析中,需要利用赋权重马氏距离函数来衡量观测样本的异常程度。其中,最重要的一步

就是对优化后系统的各变量根据重要性大小赋予不同权重。对于血黏度诊断系统,变量的重要程度代表各变量与血黏度疾病的相关程度,应由该方面的医学专家根据医学常识和丰富的经验知识来确定。综合比较前述几种常用主观赋权法的优缺点,本章采用排序法来确定各变量的近似权重。经过该领域医学专家们的仔细讨论和斟酌,确定的优化后血黏度诊断系统的各变量排序如表 3-15 第 4 列所示,其相应的 ROC 权重、RS 权重和 RR 权重分别见表 3-15 的第 5、第 6 和第 7 列。

表 3-15　优化后血黏度诊断系统的变量权重(排序法)

序号	变 量 名 称	变量符号	重要性排序	ROC 权重	RS 权重	RR 权重
1	性别	x_1	2	0.192 9	0.163 6	0.170 7
2	年龄	x_2	8	0.033 6	0.054 5	0.042 7
3	全血黏度值(1)	x_3	9	0.021 1	0.036 4	0.037 9
4	全血黏度值(4)	x_4	1	0.292 9	0.181 8	0.341 4
5	ESR 血沉	x_5	4	0.109 6	0.127 3	0.085 4
6	红细胞压积	x_6	7	0.047 9	0.072 7	0.048 8
7	全血低切还原黏度	x_7	10	0.010 0	0.018 2	0.034 1
8	血沉方程 K 值	x_8	5	0.084 6	0.109 1	0.068 2
9	纤维蛋白原	x_9	6	0.064 6	0.090 9	0.056 9
10	全血低切相对黏度	x_{10}	3	0.142 9	0.145 5	0.113 8

　　基于优化后的血黏度诊断系统和确定的各变量权重,利用公式(3-8)重新计算 102 个正常参考样本和 66 个异常样本的赋权重马氏距离,通过与等权重马氏距离的对比,说明采用赋权重马氏距离函数的必要性和有效性。计算的赋权重马氏距离分别如表 3-16、表 3-17 和表 3-18 所示,图形化的表示分别如图 3-6、图 3-7 和图 3-8 所示。

表 3-16　赋权重(ROC 权重)马氏距离 MD^*(优化后)

	1	2	3	4	…	99	100	101	102	均值
正常	0.416	−0.060	1.118	0.750	…	−1.425	−0.046	−0.618	2.001	**0.990 29**

	1	2	3	4	…	63	64	65	66	均值
异常	8.507	6.616	8.371	6.686	…	0.722	19.026	5.409	5.681	**9.872 99**

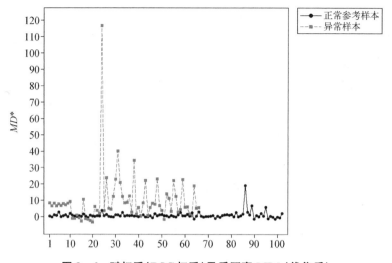

图 3-6　赋权重(ROC 权重)马氏距离 *MD** (优化后)

表 3-17　赋权重(RS 权重)马氏距离 *MD** (优化后)

	1	2	3	4	…	99	100	101	102	**均值**
正常	0.691	0.389	1.006	0.418	…	−0.136	0.793	0.046	2.322	**0.990 19**

	1	2	3	4	…	63	64	65	66	**均值**
异常	4.582	3.741	4.687	3.913	…	1.676	16.926	5.193	4.601	**9.141 24**

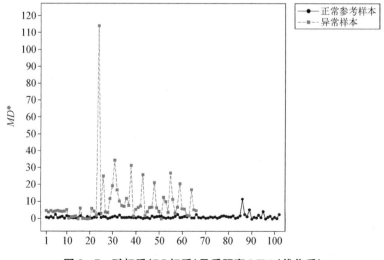

图 3-7　赋权重(RS 权重)马氏距离 *MD** (优化后)

表 3-18　赋权重(RR 权重)马氏距离 MD^* (优化后)

	1	2	3	4	⋯	99	100	101	102	均值
正常	0.343	−0.340	1.024	0.959	⋯	−1.477	−0.416	−0.883	1.147	**0.990 10**

	1	2	3	4	⋯	63	64	65	66	均值
异常	11.381	8.706	10.604	9.215	⋯	0.412	15.808	4.269	5.156	**8.702 64**

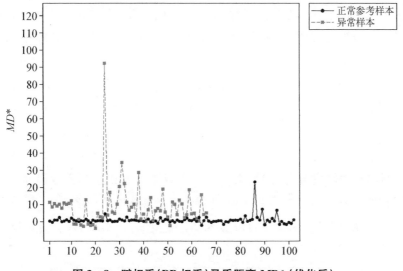

图 3-8　赋权重(RR 权重)马氏距离 MD^* (优化后)

由表 3-12、表 3-16、表 3-17 和表 3-18 可知,正常参考样本马氏距离的均值 0.990 29(ROC 权重)>0.990 20(等权重)>0.990 19(RS 权重)>0.990 10 (RR 权重),即 ROC 权重下的正常参考样本马氏距离均值更接近于 1;异常样本马氏距离的均值 9.872 99(ROC 权重)>9.141 24(RS 权重)>8.702 64(RR 权重)>6.057 23(等权重),即赋权重马氏距离使得异常样本与正常参考样本的区分度提高,尤其 ROC 权重的赋予使得两者区分度最高。需要注意的是,本案例赋权重马氏距离数据中包含了负值,从表面上看起来这与距离理论是不相符的,但这却是马氏距离各指标赋权重导致的必然结果,对其合理的处理方法是将其修正为零,而不是取其绝对值。由于 ROC 权重下正常参考样本马氏距离的均值更接近于 1,且 ROC 权重最能准确代表"真实"权重,所以接下来在观测样本诊断/预测阶段将选用 ROC 权重计算观测样本的赋权重马氏距离。

确定了合理的变量权重之后,在观测样本诊断/预测分析之前,还需要建立阈值 T,以判断一个人是否患有血液黏稠度疾病。目前有许多方法可用于阈值确定。在马氏田口方法中,Taguchi 和 Jugulum 使用二次损失函数(QLF)来确定阈值,它结合了误诊造成的损失和进一步诊断所需的成本。Ramlie 等(2021)[31]对比分析了 4 种最常见的阈值确定方法——第 I—II 类错误法、概率阈值法、接受者操作特征曲线法和 Box-Cox 转换法。通过对于 20 个数据库的分析,结果显示:在最小化马氏田口方法错误分类方面,4 种阈值确定方法中没有一种方法明显优于其他方法。同时,由于需要确定观测样本的异常程度,而不是简单的二元分类,因此本章选用 Taguchi 和 Jugulum 提出的 QLF 来确定阈值。

具体过程为:首先,选择专业人士,依靠其知识和经验来确定各种损失和成本。接着,根据 QLF 计算阈值。最后,经过反复尝试和分析,本案例设定了 3 个不同的阈值,即 $T_1=1.5$,$T_2=5$,$T_3=15$。如果第 j 个观测样本的赋权重马氏距离小于 T_1,即 $0<MD_j^*<T_1$,则说明第 j 个观测样本属于正常;如果第 j 个观测样本的赋权重马氏距离介于 T_1 和 T_2 之间,即 $T_1<MD_j^*<T_2$,则说明第 j 个观测样本为轻度异常;如果第 j 个观测样本的赋权重马氏距离介于 T_2 和 T_3 之间,即 $T_2<MD_j^*<T_3$,则说明第 j 个观测样本为中度异常;如果第 j 个观测样本的赋权重马氏距离大于 T_3,即 $MD_j^*>T_3$,则说明第 j 个观测样本为高度异常。

利用优化后的多维系统测量表对观测样本血黏度进行诊断/预测分析,如图 3-9 所示。如果诊断出观测样本异常,尤其为中度异常和高度异常,则必须对其进行潜在原因分析,以便采取相应的措施使其血黏度得到改善,早日恢复健康。需要说明的是,上述确定阈值并采取相应的措施仅仅是马氏田口方法的一种用途,除此之外,它提供了一个连续的多维系统测量表,可使决策者更加准确地了解每一个观测样本的异常程度。

3.6　本章小结

本章重点对多维观测样本诊断/预测分析中的马氏距离函数进行改进。首先,对比分析了欧氏距离和马氏距离。相比于欧氏距离,马氏距离考虑了观测变量之间的相关性,能更加合理地衡量多维观测样本的异常程度。在此基础上,进

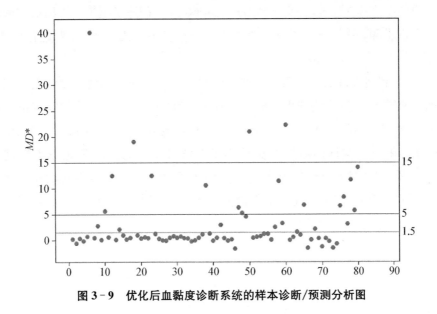

图 3-9　优化后血黏度诊断系统的样本诊断/预测分析图

一步分析了多维观测样本诊断/预测分析中马氏距离变量权重赋予的必要性和可行性。在多维观测样本诊断/预测分析中,传统的变量等权重马氏距离函数忽略了各变量的相对重要程度,简单地将其等同看待,降低了多维观测样本诊断/预测的准确性,因此很有必要对马氏距离函数进行改进,使其考虑各变量的相对重要程度。同时,已有的研究成果表明,对马氏距离函数各变量赋予权重也是可行的,不会破坏各变量间的相关性。

传统的马氏距离函数既考虑了各变量之间的相关性,又考虑了各变量取值的差异程度,即相当于已经考虑了变量的客观权重。然而,它的不足是没有考虑各变量的相对重要性,因而需要与主观赋权法相结合,以便准确反映样本的异常程度。鉴于此,本章主要介绍了 4 种常用的主观赋权法,包括直接打分法、分值分配法、两两比较法和排序法,并将其应用于传统马氏距离函数的改进。

接着,详述阐述了改进的马氏田口方法。

分析了赋权重马氏距离函数在马氏田口方法中应用的阶段性。对于传统马氏田口方法的四大基本步骤,可以分为两个阶段,不同阶段应采用不同的马氏距离函数。第一阶段的主要目的是建立并优化多维系统测量表,提高异常样本与正常参考样本的区分度,故应采用等权重马氏距离函数。对于优化后的测量表,则应根据重要程度对各变量赋予不同权重,即利用赋权重马氏距离函数衡量多维观测样本的异常程度,提高诊断/预测的准确度。阐述了改进马氏田口方法的具体实施步骤,重点分析了其第四个步骤——用优化后的测量表进行诊断/预测。

最后,利用改进的马氏田口方法(逆矩阵法)对某医院的血黏度诊断系统进行优化和样本诊断/预测分析。第一阶段测量表的建立与优化采用等权重马氏距离函数,第二阶段利用优化后的测量表进行观测样本诊断/预测时采用赋权重马氏距离函数。本章选用排序法计算了系统各变量的 RS 权重、RR 权重和 ROC 权重,并通过对比分析选择了基于 ROC 权重计算观测样本的赋权重马氏距离。同时,利用 QLF 确定了 3 个阈值($T_1=1.5$,$T_2=5$,$T_3=15$),用于血黏度诊断系统的后续诊断控制。

第四章
多维观测样本异常原因分析和异常方向确定研究

在多维观测样本诊断/预测分析阶段,准确识别出异常样本并不代表事情的结束,还需分析导致样本异常的潜在原因,以便采取正确的措施使其回归到正常状态,这一点在实际应用中非常重要。因此,本章在第三章的研究基础上,重点对诊断/预测阶段识别出的异常样本,分析导致其异常的潜在原因和确定其异常方向。首先,阐述多维系统异常样本潜在异常原因分析方面的研究,指出正交分解法的优势所在。其次,分析主元正交分解法的不足,进一步说明 MYT 正交分解法的优势。接着,详述多维系统 MYT 正交分解法,并在分析赋权重马氏距离函数与传统马氏距离函数差异的基础上,提出赋权重马氏距离函数的 MYT 正交分解法,并将其应用于多维观测样本异常值潜在原因分析。再次,提出基于MYT 正交分解法的异常样本异常方向确定方法。最后,通过实证分析验证本章所提方法的有效性。

4.1 多维观测样本异常原因分析和异常方向确定研究的背景

4.1.1 问题的提出

马氏田口方法主要用于建立和优化多维综合评价系统,以及基于观测样本的异常程度进行诊断/预测分析。相对来说,较少有研究对马氏田口方法诊断出的异常样本潜在异常原因进行分析和解释。然而,分析与解释导致样本异常的潜在原因则非常重要,它是采取恰当措施使异常样本恢复到正常状态的前提。

例如,为了提高产品的质量,产品工程师必须首先分析导致产品质量低下的原因。在医院里,医生只有在明确了病人的病因后,才能为病人制定恰当的治疗方案。

对于单维系统,一般采用 $\bar{X}$ 控制图和 R 控制图对样本进行监控。$\bar{X}$ 控制图主要用于检查样本均值是否发生偏移,R 控制图则主要用于检查样本方差是否发生变化,一般情况下应该联合使用这两个控制图。如果某一样本出现异常,则会很容易从图上找出异常的原因,或是过程发生偏移,或是过程方差发生变化,抑或两者兼有。

然而,对于多维系统,问题则变得异常复杂。多维样本诊断控制图只能用于检查样本是否出现异常,以及其异常程度,却很难从图上找出其异常的原因。多维观测样本的异常可能是由单个变量失控导致的,也可能是由某些变量值的关系与正常参考组内对应变量间的线性相关结构矛盾引起的,更糟糕的就是两者兼有,即既有一些变量失控,又存在变量间的反相关性(Countercorrelation)。

4.1.2 前人的探索

有关多维异常样本潜在异常原因分析与解释的问题,学者们已经做了大量的研究。Doganaksoy 等(1991)[118]提出根据各变量对异常的相对贡献大小对各变量进行排序,并用单变量的 t 统计量作为准则对异常加以解释。该方法类似于单维系统异常原因识别,没有考虑变量间的相关结构。Runger 等(1996)[119]提出采用不同的距离标准诊断和解释异常值,Timm(1996)[120]则提出采用逐步下降程序诊断和解释异常值。针对上述及其他处理方法,Mason 等(1997)[121]对其进行了总结,Fuchs 和 Kenett(1998)[122]则对其进行了比较研究。

Hayashi 等(2002)[123]将马氏距离作为制造控制系统的核心,他们声称采用这个系统可以很容易地分辨出半导体制造业生产率方面的偏差所在。Taguchi 等(2004)[18]提出可以通过正交表来识别对某些异常条件有重大贡献的变量。Datta 和 Das(2007)[85]探讨了化学成分对低碳钢分类的影响,指出从材料科学的角度马氏田口方法可以识别出两类划分的根本原因。Mohan 等(2008)[124]提出一个基于马氏田口方法的诊断与根本原因分析方案,用于实时监测拉式紧固件的抓取长度。他们指出通过比较马氏距离值和从更多实验中获得的每一类异常样本马氏距离的参考范围,可以识别异常样本的根本原因。Shinozaki 和 Iida(2017)[125]提出一种基于 T^2 检验的检测异常项目的变量选择方法。他们使用线性因子模型对异常加以解释,并根据效率估计和拒绝项目的 P 值均值来确定对应于不同异常情况的最佳变量子集。对于高维小样本数据,Ohkubo 和 Nagata(2018)[126] 将稀疏主元分析(Sparse Principal Component Analysis,SPCA)与马氏田口方法相结合,以提高估计精度和解释的便利性。为了分析异常样本的原因,他们提出根据贝叶斯信息准则确定 SPCA 正则化项的权重。Liang 等(2020)[127] 提出一种基于稀疏自动编码器的故障检测和隔离方案。他们认为基于重建的二维贡献图可以帮助正确隔离检测到的故障的异常变量,协助操作人员和数据分析人员追根溯源。上述研究将异常样本的原因归结为单变量贡献,而忽略了变量之间的反相关性,这在很多情况下是不正确的。尽管 Hawkins(2003)[16] 指出传统马氏距离函数可以通过 MYT(Mason-Young-Tracy)正交分解方法进行分解,但如何具体分解,以及将 MYT 正交分解方法应用于马氏田口方法,目前尚未有学者的研究成果问世。

基于上述分析,接下来本章将重点介绍正交分解法,包括主元正交分解法和 MYT 正交分解法,并将 MYT 正交分解法应用于多维系统异常样本的溯源分析。

4.2 主元正交分解法

正交分解法在统计中很多地方都有应用,如方差分析和回归分析。在回归分析中,响应变量的总离差平方和正交分解为两个正交因子——回归平方和与残差平方和。主元正交分解主要是通过不同坐标系间的转换来实现正交分解,先将原始变量空间转换为标准化变量空间,再将标准化变量空间转换为主元变量空间。下面以二维系统为例来介绍主元正交分解法。

4.2.1 原始变量空间

对于二维系统,样本向量记为 $X' = (x_1, x_2)$,服从二维正态分布,其均值向量和协方差矩阵未知,则:

$$T^2 = \left(\frac{1}{1-r^2}\right) \left[\frac{(x_1 - m_1)^2}{s_1^2} - 2r\left(\frac{x_1 - m_1}{s_1}\right)\left(\frac{x_2 - m_2}{s_2}\right) + \frac{(x_2 - m_2)^2}{s_2^2}\right]$$

$$(4-1)$$

式中,r 为变量 x_1 与 x_2 的相关系数;m_1 和 m_2 分别为变量 x_1 与 x_2 的均值,s_1 和 s_2 分别为变量 x_1 与 x_2 的标准差。如果两个变量不相关,即相关系数 $r = 0$,则:

$$T^2 = \frac{(x_1 - m_1)^2}{s_1^2} + \frac{(x_2 - m_2)^2}{s_2^2} \qquad (4-2)$$

统计距离 T^2 已经自然地被分解为正交变量。然而,由于两个变量的样本方差不相等,即 $s_1^2 \neq s_2^2$,所以为了解释方便,还需要将其转换到标准化变量空间。图形化表示如图 4-1 所示,控制椭圆没有倾斜,椭圆上的点具有相同的统计距离。如果两个变量相关,即相关系数 $r \neq 0$,则椭圆倾斜(如图 4-2 所示)。此时,不仅需要对其进行标准化转换,还需要对其进行主元转换。

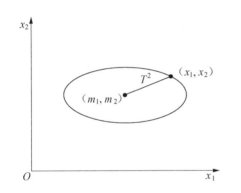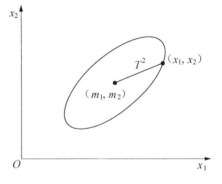

图 4-1　二维控制区域图($r=0$, $s_1^2 \neq s_2^2$)　　图 4-2　二维控制区域图($r \neq 0$, $s_1^2 \neq s_2^2$)

4.2.2　标准化变量空间

通过标准化转换,将原始变量转换为标准化变量,其转换如公式(4-3)所示。

$$y_1 = \frac{x_1 - m_1}{s_1} \qquad y_2 = \frac{x_2 - m_2}{s_2} \qquad (4-3)$$

如果两个变量不相关($r = 0$),则标准化转换后:

$$T^2 = y_1^2 + y_2^2 \qquad (4-4)$$

统计距离 T^2 已被分解为权重相等的正交变量,据此可以独立地估计各变量的贡献大小,即用 y_1^2 来测量变量 x_1 对统计距离 T^2 的贡献大小,用 y_2^2 来测量变量 x_2 对统计距离 T^2 的贡献大小,其图形化表示如图 4-3 所示。

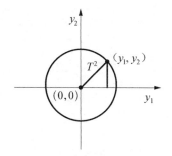
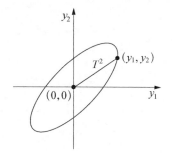

图 4‑3　二维控制区域图($r=0$,　标准化变量空间)　　**图 4‑4　二维控制区域图($r\neq0$,　标准化变量空间)**

如果两个变量相关($r\neq0$),则标准化转换后:

$$T^2=\left(\frac{1}{1-r^2}\right)(y_1^2-2ry_1y_2+y_2^2)\qquad(4-5)$$

此时,统计距离 T^2 还未转换为正交变量(如图 4‑4 所示),这将需要进一步进行主元转换。

4.2.3　主元变量空间

通过主元转换,将标准化变量转换为主元变量,其转换如公式(4‑6)所示。

$$z_1=\frac{(y_1+y_2)}{\sqrt{2}}\qquad z_2=\frac{(y_1-y_2)}{\sqrt{2}}\qquad(4-6)$$

则主元转换后:

$$T^2=\frac{z_1^2}{1+r}+\frac{z_2^2}{1-r}\qquad(4-7)$$

统计距离 T^2 已被分解为正交变量,但是权重不等(如图 4‑5 所示),还需进行标准化转换,其转换公式如下:

$$w_1=\frac{z_1}{\sqrt{1+r}}\qquad w_2=\frac{z_2}{\sqrt{1-r}}\qquad(4-8)$$

则转换后:

$$T^2=w_1^2+w_2^2\qquad(4-9)$$

即统计距离 T^2 已被分解为权重相等的正交变量(如图 4‑6 所示)。

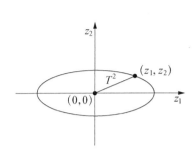

图 4-5 二维控制区域图($r=0$, 　　　图 4-6 二维控制区域图($r=0$, 正交化
　　　主元变量空间)　　　　　　　　　且标准化变量空间)

尽管已经将统计距离 T^2 转换为权重相等的正交变量, 但仍很难对异常样本的原因进行解释。因为每一个正交变量 $w_i(i=1, 2)$ 都是原始变量 x_1 和 x_2 的线性组合, 所以异常样本的原因很难解释到原始变量。

4.3　MYT 正交分解法

Mason 等(1995)[128]首先提出 MYT 正交分解法, 该方法可以使统计距离 T^2 分解为权重相等的正交变量。本节首先分析二维系统 MYT 正交分解, 接着再将其扩展到多维系统。

4.3.1　二维系统 MYT 正交分解

对于二维系统 $X'=(x_1, x_2)$, 利用 MYT 正交分解法, 统计距离 T^2 可以正交分解为:

$$T^2=T_1^2+T_{2.1}^2 \tag{4-10}$$

$$T_1^2=\frac{(x_1-m_1)^2}{s_1^2} \tag{4-11}$$

$$T_{2.1}^2=\frac{(x_2-m_{2.1})^2}{s_{2.1}^2} \tag{4-12}$$

式中, m_1 和 s_1^2 分别为变量 x_1 的样本均值和样本方差, 即 T_1^2 是一个非条件项,

仅与变量 x_1 有关,用于衡量变量 x_1 对统计距离 T^2 的贡献大小;$m_{2.1}$ 和 $s_{2.1}^2$ 分别为以变量 x_1 为条件变量的变量 x_2 的条件均值和条件方差的估计值,即 $T_{2.1}^2$ 属于条件项,与变量 x_1 和 x_2 都有关,用于衡量变量 x_2 与 x_1 间的线性关系。类似地,统计距离 T^2 还可以分解为:

$$T^2 = T_2^2 + T_{1.2}^2 \qquad (4-13)$$

$$T_2^2 = \frac{(x_2 - m_2)^2}{s_2^2} \qquad (4-14)$$

$$T_{1.2}^2 = \frac{(x_1 - m_{1.2})^2}{s_{1.2}^2} \qquad (4-15)$$

式中,m_2 和 s_2^2 分别为变量 x_2 的样本均值和样本方差,即 T_2^2 是一个非条件项,仅与变量 x_2 有关,用于衡量变量 x_2 对统计距离 T^2 的贡献大小;$m_{1.2}$ 和 $s_{1.2}^2$ 分别为以变量 x_2 为条件变量的变量 x_1 的条件均值和条件方差的估计值,即 $T_{1.2}^2$ 属于条件项,与变量 x_1 和 x_2 都有关,用于衡量变量 x_1 与 x_2 间的线性关系。然而,由于条件项 $T_{2.1}^2$ 依赖于条件密度 $f(x_2 \mid x_1)$,而条件项 $T_{1.2}^2$ 依赖于条件密度 $f(x_1 \mid x_2)$,所以 $T_{2.1}^2$ 和 $T_{1.2}^2$ 并不相等,除非变量 x_1 和 x_2 不相关。

　　由公式(4-10)和公式(4-13)可知,统计距离 T^2 有两种可能的分解方式,也就有 4 个不同的正交分解项,包括 2 个非条件项(T_1^2 和 T_2^2)和 2 个条件项($T_{2.1}^2$ 和 $T_{1.2}^2$)。如果单变量的观测样本超出其正常参考范围,则所对应的非条件项会显示异常。如果变量之间的线性关系有所违背,则所对应的条件项会显示异常,有关条件项的解释如图 4-7 和图 4-8 所示。

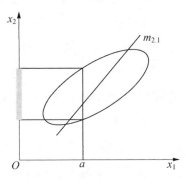

图 4-7　$T_{2.1}^2$ 项的解释

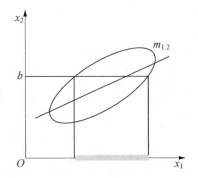

图 4-8　$T_{1.2}^2$ 项的解释

图 4-7 中,对于已知的 $x_1 = a$,如果变量 x_2 的取值落在所对应的灰色区域,则条件项 $T_{2,1}^2$ 显示正常,即观测样本没有违背正常样本空间 x_2 对 x_1 的回归关系;如果变量 x_2 的取值不在所对应的灰色区域,则条件项 $T_{2,1}^2$ 显示异常,即观测样本违背了正常样本空间 x_2 对 x_1 的回归关系。图 4-8 中,对于已知的 $x_2 = b$,如果变量 x_1 的取值落在所对应的灰色区域,则条件项 $T_{1,2}^2$ 显示正常,即观测样本没有违背正常样本空间 x_1 对 x_2 的回归关系;如果变量 x_1 的取值不在所对应的灰色区域,则条件项 $T_{1,2}^2$ 显示异常,即观测样本违背了正常样本空间 x_1 对 x_2 的回归关系。

4.3.2 从回归角度对异常样本的 MYT 正交分解项进行解释

为了更好地对 MYT 正交分解条件项进行解释,可进一步从回归角度加以分析。对于二维系统,条件项 $T_{i,j}^2$ 主要用于解释未来观测样本向量的变量值 x_i 是否与回归预测值 $m_{i,j}$ 相一致,其一般表达式为:

$$T_{i,j}^2 = \frac{(x_i - m_{i,j})^2}{s_{i,j}^2} \qquad (4-16)$$

$$m_{i,j} = m_i + b(x_j - m_j) \qquad (4-17)$$

若定义:
$$\varepsilon_{i,j} = (x_i - m_{i,j}) \qquad (4-18)$$

$$s_{i,j}^2 = s_i^2(1 - R_{i,j}^2) \qquad (4-19)$$

则:
$$T_{i,j}^2 = \frac{(\varepsilon_{i,j})^2}{s_i^2(1 - R_{i,j}^2)} \quad \text{或} \quad T_{i,j}^2 = \frac{(\varepsilon_{i,j}/s_i)^2}{(1 - R_{i,j}^2)} \qquad (4-20)$$

其中,b 为变量 x_i 对 x_j 的回归系数估计值;$R_{i,j}$ 为变量 x_i 与 x_j 的相关系数;$\varepsilon_{i,j}$ 为回归残差;$\varepsilon_{i,j}/s_i$ 为标准化后的残差。由公式(4-20)可知,$\varepsilon_{i,j}/s_i$ 越大,条件项 $T_{i,j}^2$ 越大,也就越可能显示异常。同时 $T_{i,j}^2$ 还依赖于 $R_{i,j}$,如果 $R_{i,j}$ 接近于 1,即变量 x_i 与 x_j 强相关,则可期望 x_i 与 $m_{i,j}$ 非常接近,否则条件项 $T_{i,j}^2$ 会变得很大。如果不考虑 $R_{i,j}^2$ 的影响,则条件项 $T_{i,j}^2$ 实际上就是标准化后的残差。如果残差很大(如图 4-9 所示),则条

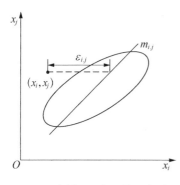

图 4-9 变量 x_i 对 x_j 的回归残差

件项 $T_{i,j}^2$ 会显示异常。

4.3.3　多维系统 MYT 正交分解

对于 k 维系统 $X' = (x_1, x_2, \cdots, x_k)$，统计距离 T^2 的一般式为：

$$T^2 = (X - \bar{X})'S^{-1}(X - \bar{X}) \tag{4-21}$$

式中，$\bar{X}$ 为样本均值向量，$\bar{X}' = (m_1, m_2, \cdots, m_k)$；$S$ 为样本协方差矩阵。将统计距离 T^2 进行 MYT 正交分解，过程可表示为：

$$
\begin{aligned}
T^2 &= T_{k-1}^2 + T_{k.1, 2, \cdots, k-1}^2 \\
&= T_{k-2}^2 + T_{k-1.1, 2, \cdots, k-2}^2 + T_{k.1, 2, \cdots, k-1}^2 \\
&\cdots \\
&= T_1^2 + T_{2.1}^2 + T_{3.1,2}^2 + \cdots + T_{k.1, 2, \cdots, k-1}^2
\end{aligned}
\tag{4-22}
$$

即统计距离 T^2 可正交分解为 1 个非条件项（T_1^2）和 $k-1$ 个条件项。其中，

$$T_1^2 = \frac{(x_1 - m_1)^2}{s_1^2}$$

$$T_{i.1, 2, \cdots, i-1}^2 = \frac{(x_i - m_{i.1, 2, \cdots, i-1})^2}{s_{i.1, 2, \cdots, i-1}^2} \quad (i = 2, 3, \cdots, k) \tag{4-23}$$

4.3.4　多维系统 MYT 正交分解项的计算

MYT 正交分解后的非条件项很容易计算，但其条件项的计算则比较复杂。为此，Mason 和 Young（2002）[129] 提出了一种比较简单的计算方法。由公式（4-22）可知，

$$T_{(x_1, x_2, \cdots, x_k)}^2 = T_1^2 + T_{2.1}^2 + T_{3.1,2}^2 + \cdots + T_{k-1.1, 2, \cdots, k-2}^2 + T_{k.1, 2, \cdots, k-1}^2$$

$$T_{(x_1, x_2, \cdots, x_{k-1})}^2 = T_1^2 + T_{2.1}^2 + T_{3.1,2}^2 + \cdots + T_{k-2.1, 2, \cdots, k-3}^2 + T_{k-1.1, 2, \cdots, k-2}^2$$

$$T_{(x_1, x_2, \cdots, x_{k-2})}^2 = T_1^2 + T_{2.1}^2 + T_{3.1,2}^2 + \cdots + T_{k-3.1, 2, \cdots, k-4}^2 + T_{k-2.1, 2, \cdots, k-3}^2$$

$$\cdots$$

$$T_{(x_1, x_2, x_3)}^2 = T_1^2 + T_{2.1}^2 + T_{3.1,2}^2$$

$$T_{(x_1, x_2)}^2 = T_1^2 + T_{2.1}^2$$

$$T_{(x_1)}^2 = T_1^2$$

由此可以得到条件项的计算公式:

$$T^2_{k.1, 2, \cdots, k-1} = T^2_{(x_1, x_2, \cdots, x_k)} - T^2_{(x_1, x_2, \cdots, x_{k-1})}$$

$$T^2_{k-1.1, 2, \cdots, k-2} = T^2_{(x_1, x_2, \cdots, x_{k-1})} - T^2_{(x_1, x_2, \cdots, x_{k-2})}$$

$$\cdots$$

$$T^2_{2.1} = T^2_{(x_1, x_2)} - T^2_{(x_1)}$$

$$T^2_{(x_1)} = T^2_1 = \frac{(x_1 - m_1)^2}{s_1^2}$$

即可以计算出统计距离 MYT 正交分解后的每一项。

然而,对 T^2 进行 MYT 正交分解的方式不止一种。以三维系统为例,统计距离 T^2 可正交分解为:

$$
\begin{aligned}
T^2 &= T_1^2 + T_{2.1}^2 + T_{3.1,2}^2 \\
&= T_1^2 + T_{3.1}^2 + T_{2.1,3}^2 \\
&= T_2^2 + T_{3.2}^2 + T_{1.2,3}^2 \\
&= T_2^2 + T_{1.2}^2 + T_{3.1,2}^2 \\
&= T_3^2 + T_{1.3}^2 + T_{2.1,3}^2 \\
&= T_3^2 + T_{2.3}^2 + T_{1.2,3}^2
\end{aligned}
$$

即统计距离 T^2 有 $3! = 6$ 种分解方式,有 $3 \times 3! = 18$ 个可能的正交分解项,去掉重复项,有 $3 \times 2^{(3-1)} = 12$ 个不同的正交分解项。推理可知,对于 k 维系统,将有 $k!$ 种分解方式,进而有 $k \times k!$ 个可能的正交分解项,去掉重复项,将有 $k \times 2^{(k-1)}$ 个不同的正交分解项。当 $k = 10$ 时,将会有 $10 \times 2^{(10-1)} = 5\ 120$ 个不同的正交分解项。随着系统复杂性的增加($k > 10$),正交分解后不同项的个数呈指数增加,这将在很大程度上增加计算量。因此,有必要寻找一种合适的方法将计算量降低到一个合理的水平。

4.3.5　MYT 正交分解项判定界限的确定

如前所述,非条件项主要用于确定单变量值是否在其正常参考范围之内,而条件项主要用于检验变量间的线性关系。那么,如何判定 MYT 正交分解后的条件项和非条件项是否异常呢? 对于多维系统,如果没有出现异常,则所有的条件项和非条件项均服从 F 分布(Mason 和 Young,2002)[129],即:

$$T_i^2 \sim \left(\frac{n+1}{n}\right) \cdot F_{(1, n-1)} \qquad (4-24)$$

$$T_{i.1, 2, \cdots, i-1}^2 \sim \left(\frac{(n+1)(n-1)}{n(n-p-1)}\right) \cdot F_{(1, n-p-1)} \qquad (4-25)$$

式中，n 为正常参考样本的个数，p 为条件变量的个数。因此，可以利用正常参考样本和给定的 α 水平（一般取 $\alpha = 0.01$ 或 $\alpha = 0.05$）来确定条件项和非条件项的判定界限（Upper Control Limits, UCLs），即：

$$UCL_{T_i^2} = \left(\frac{n+1}{n}\right) \cdot F_{(\alpha, 1, n-1)} \qquad (4-26)$$

$$UCL_{T_{i.1, 2, \cdots, i-1}^2} = \left(\frac{(n+1)(n-1)}{n(n-p-1)}\right) \cdot F_{(\alpha, 1, n-p-1)} \qquad (4-27)$$

如果 $T_i^2 > \left(\frac{n+1}{n}\right) \cdot F_{(\alpha, 1, n-1)}$，则说明变量 x_i 对异常贡献很大，超出其正常参考范围。如果 $T_{i.1, 2, \cdots, i-1}^2 > \left(\frac{(n+1)(n-1)}{n(n-p-1)}\right) \cdot F_{(\alpha, 1, n-p-1)}$，则说明变量 x_i 和 x_j 都对异常贡献很大，其线性关系与正常参考空间不一致。

4.3.6　基于 MYT 正交分解的异常样本潜在异常原因识别

如果统计距离 T^2 异常，则可以通过下述计算步骤来寻找产生异常的潜在原因[129]。具体步骤如下：

第一步，计算观测样本 X 向量中每一个单变量的 $T_i^2 (i = 1, 2, \cdots, k)$，并按从大到小的顺序对 T_i^2 进行分析。如果某一个单变量的 T_i^2 异常，则说明观测样本所对应的单变量值超出其正常参考范围，对异常贡献很大，此时已没有必要去检验该异常变量值与其他变量值间关系的一致性。去掉异常变量后，利用剩余的变量重新计算 T^2。如果没有异常，则说明已经找到了异常的来源，否则转入下一步。

第二步，对于去掉异常变量之后剩余的变量子集（假如还有 m 个变量），如果 T^2 仍然异常，则计算这 m 个变量对应的所有 $T_{i,j}^2 (i, j = 1, 2, \cdots, m)$ 条件项，并按从大到小的顺序对 $T_{i,j}^2$ 进行分析。如果某一个 $T_{i,j}^2$ 异常，则说明观测样本所对应变量 x_i 和 x_j 值的二维线性关系与正常参考空间不一致。去掉异常变量后，利用剩余的变量重新计算 T^2。如果没有异常，则说明已经找到了异常的来源(二维线性关系不一致和单变量值超出其正常参考范围),否则转入下一步。

第三步,对于去掉异常变量之后剩余的变量子集(假如还有 n 个变量),如果 T^2 仍然异常,则计算这 n 个变量对应的所有 $T_{i,j,h}^2(i,j,h=1,2,\cdots,n)$ 条件项,并按从大到小的顺序对 $T_{i,j,h}^2$ 进行分析。如果某一个 $T_{i,j,h}^2$ 异常,则去掉所对应的异常变量 x_i、x_j 和 x_h 后,利用剩余的变量重新计算 T^2。 如果没有异常,则说明已经找到了异常的来源,否则转入下一步。

第四步,继续计算并分析,直到所剩变量子集中没有变量存在。

一般情况下,通过上述计算步骤可以明显降低计算量,但也存在极少数情况使计算继续到 $T_{k,1,2,\cdots,k-1}^2$ 项,这将意味着计算量根本没有减少。

4.4　赋权重马氏距离的 MYT 正交分解

对于 k 维系统 $X'=(x_1,x_2,\cdots,x_k)$,传统马氏距离函数的一般式可表示为:

$$MD=(X-\bar{X})'S^{-1}(X-\bar{X})=Z'C^{-1}Z=T^2 \tag{4-28}$$

其中,$\bar{X}$ 为样本均值向量,Z 为 X 的标准化向量,C 为样本相关矩阵,S 为样本协方差矩阵。由公式(4-28)可知,传统马氏距离 MD 与统计距离 T^2 相同,因此可以直接利用 MYT 正交分解法将其分解为权重相等的正交项。然而,对于赋权重马氏距离函数,其正交分解则有所不同。因此,本节将基于赋权重马氏距离函数与传统马氏距离函数的差异,对赋权重马氏距离函数进行 MYT 正交分解研究。

4.4.1　赋权重马氏距离函数与传统马氏距离函数的差异

传统马氏距离函数未消除多维系统变量个数的影响,也没有考虑各变量的相对重要程度。马氏田口方法中采用的马氏距离函数是用变量个数 k 除过以后的,如公式(4-29)所示,这使得马氏距离的计算不受变量个数的影响。

$$scaled\ MD=\frac{1}{k}(X-\bar{X})'S^{-1}(X-\bar{X})=\frac{1}{k}Z'C^{-1}Z=\frac{1}{k}T^2 \tag{4-29}$$

式中，k 为多维系统的变量个数。

由公式(4-29)可知，修改的马氏距离 MD 是统计距离 T^2 的 $1/k$，而 k 为常数，因此可以很容易利用 MYT 正交分解法对其分解，如公式(4-30)所示。

$$scaled\ MD = \frac{1}{k}T_1^2 + \frac{1}{k}T_{2.1}^2 + \frac{1}{k}T_{3.1,2}^2 + \cdots + \frac{1}{k}T_{k.1,2,\cdots,k-1}^2 \quad (4-30)$$

为了提高多维观测样本诊断/预测的准确性，需根据相对重要程度对多维系统各变量赋予不同权重，则改进后的赋权重马氏距离函数如公式(4-31)所示。

$$MD^* = (X - \bar{X})'WS^{-1}(X - \bar{X}) = Z'WC^{-1}Z \quad (4-31)$$

式中，W 为一个对角矩阵，即 $W = diag(w_1, w_2, \cdots, w_k)$，$\sum_{i=1}^{k} w_i = 1$，$w_i \in [0, 1]$ $(i = 1, 2, \cdots, k)$。如果各变量的权重相等，即 $w_i = 1/k$，$i = 1, 2, \cdots, k$，则公式(4-31)退化为公式(4-29)。对比分析公式(4-31)与公式(4-29)可知，马氏距离各变量权重的赋予并未破坏变量间的相关性，影响的仅仅是各个变量本身，这使得对其进行 MYT 正交分解易于实现。具体分析见本书 3.2.2 节。

4.4.2 赋权重马氏距离的 MYT 正交分解过程

如前所述，马氏距离各变量权重的赋予并未破坏变量间的线性关系，影响的主要是单个变量自身的贡献。因此，对于二维系统 $X' = (x_1, x_2)$，仿效等权重马氏距离 MYT 的正交分解(见公式(4-30))，赋权重马氏距离 MD^* 可正交分解为：

$$MD^*_{(x_1, x_2)} = T_1'^2 + T_{2.1}'^2 = T_2'^2 + T_{1.2}'^2 \quad (4-32)$$

$$\begin{cases} T_1'^2 = w_1 \cdot \left[\dfrac{(x_1 - m_1)^2}{s_1^2} \right] = w_1 \cdot T_1^2 \\[3mm] T_2'^2 = w_2 \cdot \left[\dfrac{(x_2 - m_2)^2}{s_2^2} \right] = w_2 \cdot T_2^2 \end{cases} \quad (4-33)$$

$$T_{2.1}'^2 = \frac{1}{2} \cdot T_{2.1}^2 \qquad T_{1.2}'^2 = \frac{1}{2} \cdot T_{1.2}^2 \quad (4-34)$$

$$T_{2.1}^2 = \frac{(x_2 - m_{2.1})^2}{s_{2.1}^2} \qquad T_{1.2}^2 = \frac{(x_1 - m_{1.2})^2}{s_{1.2}^2}$$

式中，w_1 和 w_2 分别为变量 x_1 和 x_2 的权重。$T_1'^2$ 和 $T_2'^2$ 为加权非条件项，分别用于衡量变量 x_1 和 x_2 对赋权重马氏距离 MD^* 的贡献。$T_{2.1}'^2$ 和 $T_{1.2}'^2$ 为等权重条件项，均用于衡量变量 x_1 和 x_2 对赋权重马氏距离 MD^* 的贡献。

类似地，对于三维系统 $X' = (x_1, x_2, x_3)$，赋权重马氏距离 MD^* 可正交分解为：

$$
\begin{aligned}
MD^*_{(x_1, x_2, x_3)} &= T_1'^2 + T_{2.1}'^2 + T_{3.1,2}'^2 \\
&= T_1'^2 + T_{3.1}'^2 + T_{2.1,3}'^2 \\
&= T_2'^2 + T_{3.2}'^2 + T_{1.2,3}'^2 \\
&= T_2'^2 + T_{1.2}'^2 + T_{3.1,2}'^2 \\
&= T_3'^2 + T_{1.3}'^2 + T_{2.1,3}'^2 \\
&= T_3'^2 + T_{2.3}'^2 + T_{1.2,3}'^2
\end{aligned}
\tag{4-35}
$$

$$
\begin{cases}
T_1'^2 = w_1 \cdot \left[\dfrac{(x_1 - m_1)^2}{s_1^2} \right] = w_1 \cdot T_1^2 \\[2mm]
T_2'^2 = w_2 \cdot \left[\dfrac{(x_2 - m_2)^2}{s_2^2} \right] = w_2 \cdot T_2^2 \\[2mm]
T_3'^2 = w_3 \cdot \left[\dfrac{(x_3 - m_3)^2}{s_3^2} \right] = w_3 \cdot T_3^2
\end{cases}
\tag{4-36}
$$

$$
\begin{cases}
T_{2.1}'^2 = \dfrac{1}{3} \cdot T_{2.1}^2 \quad & T_{3.1}'^2 = \dfrac{1}{3} \cdot T_{1.2}^2 \quad & T_{3.2}'^2 = \dfrac{1}{3} \cdot T_{1.2}^2 \\[2mm]
T_{1.2}'^2 = \dfrac{1}{3} \cdot T_{2.1}^2 \quad & T_{1.3}'^2 = \dfrac{1}{3} \cdot T_{1.2}^2 \quad & T_{2.3}'^2 = \dfrac{1}{3} \cdot T_{1.2}^2 \\[2mm]
T_{3.1,2}'^2 = \dfrac{1}{3} \cdot T_{3.1,2}^2 \quad & T_{2.1,3}'^2 = \dfrac{1}{3} \cdot T_{2.1,3}^2 \quad & T_{1.2,3}'^2 = \dfrac{1}{3} \cdot T_{1.2,3}^2
\end{cases}
\tag{4-37}
$$

$$
\begin{cases}
T_{2.1}^2 = \dfrac{(x_2 - m_{2.1})^2}{s_{2.1}^2} \quad & T_{3.1}^2 = \dfrac{(x_3 - m_{3.1})^2}{s_{3.1}^2} \quad & T_{3.2}^2 = \dfrac{(x_3 - m_{3.2})^2}{s_{3.2}^2} \\[2mm]
T_{1.2}^2 = \dfrac{(x_1 - m_{1.2})^2}{s_{1.2}^2} \quad & T_{1.3}^2 = \dfrac{(x_1 - m_{1.3})^2}{s_{1.3}^2} \quad & T_{2.3}^2 = \dfrac{(x_2 - m_{2.3})^2}{s_{2.3}^2} \\[2mm]
T_{3.1,2}^2 = \dfrac{(x_3 - m_{3.1,2})^2}{s_{3.1,2}^2} \quad & T_{2.1,3}^2 = \dfrac{(x_2 - m_{2.1,3})^2}{s_{2.1,3}^2} \quad & T_{1.2,3}^2 = \dfrac{(x_1 - m_{1.2,3})^2}{s_{1.2,3}^2}
\end{cases}
$$

式中，w_1、w_2 和 w_3 分别为变量 x_1、x_2 和 x_3 的权重。对于三维系统，赋权重马氏距离有 6 种分解方式，18 个可能的正交分解项，若去掉重复项，则有 12 个不同的正交分解项，其中包括 3 个加权非条件项（$T_1'^2$、$T_2'^2$ 和 $T_3'^2$）和 9 个等权重条件项。

对于 k 维系统 $X' = (x_1, x_2, \cdots, x_k)$，赋权重马氏距离 MD^* 可正交分解为：

$$MD^*_{(x_1, x_2, \cdots, x_k)} = T_1'^2 + T_{2.1}'^2 + T_{3.1,2}'^2 + \cdots + T_{k.1, 2, \cdots, k-1}'^2 \quad (4-38)$$

$$\cdots$$

$$\begin{cases} T_1'^2 = w_1 \cdot \left[\dfrac{(x_1 - m_1)^2}{s_1^2}\right] = w_1 \cdot T_1^2 \\[3mm] T_2'^2 = w_2 \cdot \left[\dfrac{(x_2 - m_2)^2}{s_2^2}\right] = w_2 \cdot T_2^2 \\[2mm] \cdots \\[2mm] T_k'^2 = w_k \cdot \left[\dfrac{(x_k - m_k)^2}{s_k^2}\right] = w_k \cdot T_k^2 \end{cases} \quad (4-39)$$

$$T_{i.1, 2, \cdots, i-1}'^2 = \frac{1}{k} \cdot T_{i.1, 2, \cdots, i-1}^2 \quad (i = 2, 3, \cdots, k) \quad (4-40)$$

$$T_{i.1, 2, \cdots, i-1}^2 = \frac{(x_i - m_{i.1, 2, \cdots, i-1})^2}{s_{i.1, 2, \cdots, i-1}^2} \quad (i = 2, 3, \cdots, k)$$

式中，$w_i (i = 1, 2, \cdots, k)$ 为变量 x_i 的权重。对于 k 维系统，赋权重马氏距离有 $k!$ 种分解方式，有 $k \times k!$ 个可能的正交分解项，若去掉重复项，则有 $k \times 2^{(k-1)}$ 个不同的正交分解项，其中包括 k 个加权非条件项 $T_i'^2 (i = 1, 2, \cdots, k)$ 和 $k \times 2^{(k-1)} - k$ 个等权重条件项。

4.4.3 赋权重马氏距离 MYT 正交分解项的计算

赋权重马氏距离 MYT 正交分解后的非条件项仍然很容易计算，但其条件项的计算依旧比较复杂。参考传统马氏距离 MYT 正交分解项的计算方法，赋权重马氏距离 MD^* 各正交分解项可按公式（4-41）计算。

$$T'^2_{k.1, 2, \cdots, k-1} = MD^*_{(x_1, x_2, \cdots, x_k)} - MD^*_{(x_1, x_2, \cdots, x_{k-1})}$$

$$T'^2_{k-1.1, 2, \cdots, k-2} = MD^*_{(x_1, x_2, \cdots, x_{k-1})} - MD^*_{(x_1, x_2, \cdots, x_{k-2})}$$

$$\cdots$$

$$T'^2_{3.1,2} = MD^*_{(x_1, x_2, x_3)} - MD^*_{(x_1, x_2)} \quad\quad (4-41)$$

$$T'^2_{2.1} = MD^*_{(x_1, x_2)} - MD^*_{(x_1)}$$

$$MD^*_{(x_1)} = w_1 \cdot \left[\frac{(x_1 - m_1)^2}{s_1^2} \right]$$

4.4.4 赋权重马氏距离 MYT 正交分解项判定界限的确定

传统马氏距离 MYT 正交分解后非条件项的判定界限如公式(4-26)所示，条件项的判定界限如公式(4-27)所示。由公式(4-40)可知，$T'^2_{i.1, 2, \cdots, i-1}$ 是 $T^2_{i.1, 2, \cdots, i-1}$ 的 $1/k$，而 k 是一个常数。因此，可以很容易确定等权重条件项 $T'^2_{i.1, 2, \cdots, i-1}$ 的判定界限，如公式(4-42)所示。

$$UCL_{T'^2_{i.1, 2, \cdots, i-1}} = \frac{1}{k} \cdot \left[\left(\frac{(n+1)(n-1)}{n(n-p-1)} \right) \cdot F_{(a,1,n-p-1)} \right] \quad i = 2, 3, \cdots, k$$

$$(4-42)$$

对于加权非条件项 T'^2_i，

$$T'^2_i = w_i \cdot [(x_i - m_i)^2 / s_i^2] = w_i \cdot T^2_i \quad i = 1, 2, \cdots, k \quad (4-43)$$

式中，$w_i \in [0, 1]$，$\sum_{i=1}^{k} w_i = 1$。如果各变量的权重相等，即 $w_i = 1/k$，则可以根据公式(4-26)轻松确定 T'^2_i 的判定界限，如公式(4-44)所示。

$$UCL_{T'^2_i} = \frac{1}{k} \cdot \left[\left(\frac{n+1}{n} \right) \cdot F_{(a,1,n-1)} \right] \quad i = 1, 2, \cdots, k \quad (4-44)$$

如果各变量的权重不相等，则 T'^2_i 的判定界限变为：

$$UCL_{T'^2_i} = w_i \cdot \left[\left(\frac{n+1}{n} \right) \cdot F_{(a,1,n-1)} \right] \quad i = 1, 2, \cdots, k \quad (4-45)$$

在这种情况下，将有 k 个判定界限。然而，在异常样本潜在原因分析中没有必要计算这么多的判定界限，因为只有变量 x_i 值超出其正常参考范围，才会导致

$T_i'^2 > UCL_{T_i^2}$，而权重 w_i 仅起杠杆作用。因此，仍然根据公式(4-26)计算 T_i^2 的判定界限，用于判断单变量值是否异常。

4.5　多维观测样本潜在异常原因分析

基于数据分析，而非概率分布是多维系统马氏田口方法的一个重要特点。然而，MYT 正交分解后各正交分解项（非条件项和条件项）判定界限的确定却依赖于概率与分布。如前所述，对于传统马氏距离函数，如果没有出现异常，MYT 正交分解后各正交分解项均服从 F 分布，可利用正常参考样本和给定的 α 水平确定其判定界限；对于赋权重马氏距离函数，如果没有出现异常，MYT 正交分解后条件项和非条件项的判断界限仍然可以根据 F 分布确定。对于数据分析和统计概率两种方式，摒弃其中的一种而完全采用另一种的做法是不可取的。因此，本章将综合利用概率统计和数据分析识别多维系统异常样本的潜在异常原因。

4.5.1　样本的选取

为了综合利用概率统计和数据分析进行异常样本溯源，在利用马氏田口方法对多维系统进行优化降维时应合理选取正常参考样本，这将有利于后期 MYT 正交分解项判定界限的合理确定。如何抽样才算是合理抽样呢？抽样应该做到以下两点：

一是具有代表性。抽样应尽可能地包括分类变量中的每一类别，并保证一定的比例数，即采用分层抽样。对于分类变量，不能通过数据分析来确定具体的判定界限，且其意义不是很大，只需判别属于哪一类别即可，因此数据分析的重点在于考虑如何确定计量变量的判定界限。

二是具有普遍性。对于某些变量，例如医学诊断中的年龄，虽然属于计量变量，但跟一般的计量变量又有所不同，抽样时应尽可能地包括各年龄段的健康人体组成正常参考组样本。

合理抽样并对多维综合评价系统进行优化后，即可利用优化后的测量表对观测样本进行诊断/预测分析。在多维系统观测样本诊断/预测分析阶段，应采用赋权重马氏距离函数衡量样本的异常程度。因此，观测样本正常与否的判断与潜在异常原因分析都将基于赋权重马氏距离展开。

4.5.2 识别样本异常潜在原因的步骤

参照本书 4.3.6 节异常样本潜在异常原因识别步骤,如果观测样本的赋权重马氏距离 MD^* 超出相应的阈值,即样本属于高度或中度异常,则可根据下述步骤识别导致其异常的潜在原因。

第一步,计算观测样本 X 向量中每一个单变量的 T_i^2 和 $T_i'^2(i=1, 2, \cdots, k)$,并对其由大到小分别排序。如果某一个单变量的 $T_i'^2$ 很大,则说明观测样本所对应的单变量值可能超出其正常参考范围或权重 w_i 较大,或两者兼有。由于 $T_i'^2$ 的分布较为复杂,因此需要借助数据分析和 T_i^2 的判定界限判定 $T_i'^2$ 是否异常。如果 $T_i'^2$ 对异常贡献很大,则已没有必要去检验该异常变量值与其他变量值间关系的一致性。去掉异常变量后,利用剩余的变量重新计算 MD^*。 如果没有异常,则说明已经找到了异常的来源,否则转入下一步。

第二步,对于去掉异常变量之后剩余的变量子集(假如还有 m 个变量),如果 MD^* 仍然异常,则计算这 m 个变量对应的所有 $T_{i,j}'^2(i,j=1, 2, \cdots, m)$ 条件项,对其由大到小排序。如果某一个 $T_{i,j}'^2$ 异常,则说明观测样本所对应变量 x_i 和 x_j 值的二维线性关系与正常参考空间不一致。去掉异常变量后,利用剩余的变量重新计算 MD^*。 如果没有异常,则说明已经找到了异常的来源(二维线性关系不一致和单变量值超出其正常参考范围),否则转入下一步。

第三步,对于去掉异常变量之后剩余的变量子集(假如还有 n 个变量),如果 MD^* 仍然异常,则计算这 n 个变量对应的所有 $T_{i,j,h}'^2(i,j,h=1, 2, \cdots, n)$ 条件项,并对其由大到小排序。如果某一个 $T_{i,j,h}'^2$ 异常,则去掉所对应的异常变量 x_i、x_j 和 x_h 后,利用剩余的变量重新计算 MD^*。 如果没有异常,则说明已经找到了异常的来源,否则转入下一步。

第四步,继续计算分析,直到所剩变量子集中没有变量存在。

上述步骤既识别了导致异常的潜在原因,又可大大减少计算工作量;既充分利用了概率统计知识确定判定界限,又很好地结合了数据分析方法。

4.6 多维观测样本异常方向的确定

传统马氏田口方法包括逆矩阵法、施密特正交化法和伴随矩阵法。在这三种方法中,逆矩阵法和伴随矩阵法通过相关矩阵计算马氏距离,施密特正交化法则使用施密特正交化向量计算马氏距离。因此,Taguchi 和 Jugulum 认为只有施密特正交化法可以用于异常样本异常方向的确定。然而,本书将借助 MYT 正交分解法提出另一种确定异常样本异常方向的方法,且该方法具有很强的稳健性,适用于马氏田口逆矩阵法、施密特正交化法和伴随矩阵法。

4.6.1　施密特正交化法

Jugulum 等(2003)[17]指出,在某些实例中,标准化变量的符号与施密特正交化变量的符号不一致,因此可以采用施密特正交化变量确定异常的方向。例如,对于研究生入学系统,假设通过平均成绩(GPA)、分级管理录取测试(GMAT)成绩和学术能力数学测试(SAT - Math)成绩来综合判定某个学生是否有资格入学。GPA、GMAT 和 SAT - Math 的分值都要求越大越好,且 GPA的最大分值为 4.0,GMAT 的最大分值为 1 600,SAT - Math 的最大分值为 800。收集的正常参考样本数据及相应的标准化向量、施密特正交化向量和马氏距离如表 4 - 1 所示,异常样本数据及相应的标准化向量、施密特正交化向量和马氏距离如表 4 - 2 所示。

表 4 - 1　正常参考样本数据

编号	原始向量			标准化向量			施密特正交化向量			MD
	X_1 (GPA)	X_2 (GMAT)	X_3 (SAT - Math)	Z_1	Z_2	Z_3	U_1	U_2	U_3	
1	3.0	1 010	670	−0.465	−0.545	0.647	−0.465	−0.158	0.951	0.537
2	2.9	990	428	−0.714	−0.675	−2.162	−0.714	−0.081	−1.775	1.703
3	3.2	1 035	712	0.033	−0.381	1.134	0.033	−0.409	1.322	1.028
4	2.8	980	546	−0.963	**−0.741**	−0.792	−0.963	**0.060**	−0.355	0.374
5	3.9	1 310	677	1.776	**1.416**	**0.728**	1.776	**−0.062**	**−0.103**	1.061
6	3.2	990	650	0.033	−0.675	0.415	0.033	−0.703	0.749	0.807
7	2.8	965	646	−0.963	−0.839	0.368	−0.963	−0.038	0.854	0.664
8	3.7	1 380	715	1.278	1.873	1.169	1.278	0.810	0.144	1.264
9	3.4	1 300	645	0.531	1.350	**0.357**	0.531	0.908	**−0.355**	1.048
10	3.2	1 205	645	0.033	0.730	**0.357**	0.033	0.702	**−0.010**	0.534
11	2.6	895	490	−1.461	−1.296	−1.442	−1.461	−0.081	−0.693	0.951

续　表

编号	原始向量			标准化向量			施密特正交化向量			MD
	X_1 (GPA)	X_2 (GMAT)	X_3 (SAT-Math)	Z_1	Z_2	Z_3	U_1	U_2	U_3	
12	3.1	950	555	−0.216	−0.937	−0.688	−0.216	−0.757	−0.205	0.656
13	3.6	1 110	520	1.029	**0.109**	−1.094	1.029	**−0.747**	−1.220	1.679
14	2.7	1 045	625	−1.212	**−0.316**	0.125	−1.212	**0.692**	0.367	1.074
15	3.7	1 235	690	1.278	**0.926**	0.879	1.278	**−0.138**	0.327	0.617

表 4 - 2　异常样本数据(阈值 $T=3$)

编号	原始向量			标准化向量			施密特正交化向量			MD
	X_1 (GPA)	X_2 (GMAT)	X_3 (SAT-Math)	Z_1	Z_2	Z_3	U_1	U_2	U_3	
A_1	2.4	1 210	540	−1.959	0.763	−0.862	−1.959	2.392	−1.105	8.064
A_2	1.8	765	280	−3.453	**−2.146**	−3.878	−3.453	**0.727**	−2.566	7.740
A_3	0.9	540	280	−5.695	**−3.616**	−3.878	−5.695	**1.122**	−1.676	13.532
A_4	3.6	990	230	1.029	−0.675	−4.458	1.029	−1.532	−4.194	11.417
A_5	2.1	930	480	−2.706	**−1.067**	−1.558	−2.706	**1.184**	−0.836	4.297
A_6	2.6	1 140	530	−1.461	0.305	−0.978	−1.461	1.520	−1.028	3.725
A_7	4.0	1 600	800	2.026	3.312	2.154	2.026	1.626	0.361	4.291
A_8	3.9	1 580	780	1.776	3.181	1.922	1.776	1.702	0.212	4.210

　　由表 4 - 1 和表 4 - 2 可知,根据标准化变量的符号和施密特正交化变量的符号识别出的"好"的异常是一样的,均为异常样本 A_7 和 A_8。但是,在很多情况下,施密特正交化变量的符号与标准化变量的符号是不一致的,如表 4 - 1 和表 4 - 2 中黑体数字所对应的位置。Jugulum 和 Taguchi 之所以建议采用施密特正交化变量确定异常样本的异常方向,是因为他们认为施密特正交化变量消除了变量间的相关性,使各变量相互正交,因此可以直接根据各正交变量的符号和阈值确定异常样本的异常方向,具体有关异常方向的确定请参见本书 2.4.2 节的内容。

然而,由于施密特正交化向量 $U_i(i=1,2,\cdots,k)$ 是前 i 个标准化向量 $(Z_1,Z_2,\cdots,Z_i)$ 的线性组合,并不与原始向量或标准化向量直接对应,所以根据施密特正交化向量的符号确定异常样本的异常方向让人有些难以理解。同时,施密特正交化法在进行正交化转换时需要考虑变量的排列次序,变量的排列次序不同,转化后的正交化变量不同,导致最终选择的有效正交变量也有所不同。因此,有必要提出一种普遍适用、容易理解的方法来确定多维系统异常样本的异常方向。

4.6.2　MYT 正交分解法

如前所述,不管是马氏田口逆矩阵法、伴随矩阵法,还是施密特正交化法,在多维观测样本诊断/预测阶段都可利用赋权重马氏距离函数对观测样本进行综合衡量,并基于 MYT 正交分解法进行异常值潜在异常原因的分析。通过 MYT 正交分解,可将赋权重马氏距离正交分解为非条件项和条件项,其中,非条件项对应于单个变量对异常的贡献,条件项对应于各变量间线性关系对异常的贡献。然而,MYT 正交分解法还有另一个作用,就是在进行异常值潜在异常原因分析的同时,还可以用于确定异常值的异常方向。

与施密特正交化法类似,确定异常值的异常方向之前,首先需要明确多维系统各个单变量的质量特性,即该变量是属于越大越好型、越小越好型,还是属于望目型。在了解变量质量特性的基础上,如果某个观测样本异常,则可利用 MYT 正交分解法识别导致其异常的潜在原因。如前所述,导致观测样本异常的原因不外乎三种:一是变量的权重较大;二是单个变量值超出其正常参考范围;三是变量间的线性关系与正常参考空间不一致。然而,变量的权重不影响异常值的异常方向,变量间的线性关系一定程度上会对异常值异常方向的确定产生影响,因此需要根据各个变量的质量特性,同时考虑各个单变量值和变量间的线性关系来确定异常值的异常方向。

利用 MYT 正交分解法确定多维异常样本的异常方向的步骤如下:第一步,利用正常参考样本确定各个变量的正常参考范围和均值。第二步,明确各个变量的质量特性类型。第三步,通过 MYT 正交分解进行异常值潜在异常原因分析。第四步,根据各个变量的质量特性和 MYT 正交分解异常项确定异常样本的异常方向。如果某个条件项异常,一般需要首先检查是否包含分类变量。对于分类变量,由于没法定义它的质量特性,因此,如果分类变量重要,就需要按分类变量分别研究系统。如果异常条件项对应的变量均为计量型变量,则需要根据正常参考空间变量间的线性关系进行分析,具体是哪个变量违背了正常的线性关系,再结合变量质量特性确定异常的方向。如果对应非条件项异常,则可以直接根据其质量特性确定异常观测样本的异常方向。如果该变量属于越大(小)越好型,且异常观测样本的该变量值大(小)于正常参考范围的均值,则该异常样本属于"好"的异常,否则属于"坏"的异常。如果该变量属于望目型,则不管异常观测样本的该变量值大于还是小于正常参考范围的均值,该异常样本都属于"坏"的异常。

4.7　实证研究

4.7.1　数据来源

　　本章选用的案例与第三章的相同,即某医院血黏度诊断系统。优化后的血黏度诊断系统变量如表 4-3 所示。相比于等权重、RS 权重和 RR 权重,在 ROC 权重下血黏度诊断系统正常参考样本马氏距离 MD^* 的均值更接近于 1,且 ROC 权重最能准确代表"真实"权重。因此,本案例在观测样本诊断/预测阶段选用 ROC 权重(见表 4-3 的第 5 列)计算观测样本的赋权重马氏距离。

表 4-3　血黏度诊断系统的变量(优化后)

序　号	变　量　名　称	变量符号	重要性排序	ROC 权重
1	性别	x_1	2	0.192 9
2	年龄	x_2	8	0.033 6
3	全血黏度值(1)	x_3	9	0.021 1
4	全血黏度值(4)	x_4	1	0.292 9
5	ESR 血沉	x_5	4	0.109 6
6	红细胞压积	x_6	7	0.047 9
7	全血低切还原黏度	x_7	10	0.010 0
8	血沉方程 K 值	x_8	5	0.084 6
9	纤维蛋白原	x_9	6	0.064 6
10	全血低切相对黏度	x_{10}	3	0.142 9

确定了合理的权重之后，还需要为观测样本诊断控制建立阈值，这将需要与专业人士一起根据实际情况并结合统计知识来确定。本书在第三章已根据二次损失函数为本案例建立了 3 个不同的阈值，即 $T_1 = 1.5$，$T_2 = 5$，$T_3 = 15$。如果第 j 个观测样本的赋权重马氏距离小于 T_1，即 $0 < MD_j^* < T_1$，则说明第 j 个观测样本正常；如果第 j 个观测样本的赋权重马氏距离介于 T_1 和 T_2 之间，即 $T_1 < MD_j^* < T_2$，则说明第 j 个观测样本为轻度异常；如果第 j 个观测样本的赋权重马氏距离介于 T_2 和 T_3 之间，即 $T_2 < MD_j^* < T_3$，则说明第 j 个观测样本为中度异常；如果第 j 个观测样本的赋权重马氏距离大于 T_3，即 $MD_j^* > T_3$，则说明第 j 个观测样本为高度异常。

4.7.2 数据分析与结果

利用优化后的多维系统测量表对观测样本血黏度进行诊断/预测分析，如果诊断出样本异常，尤其是中度异常和高度异常，则必须对异常样本进行潜在原因分析，以便采取相应的措施使其血黏度得到改善，早日恢复健康。

1. 1 号异常样本的潜在异常原因分析

对于异常样本 $X' = (2，38，4.55，10.90，12，0.47，21.06，53，3.12，6.73)$，其赋权重马氏距离 $MD^* = 10.628$，满足 $T_2 < MD_j^* < T_3$，因此该观测样本为中度异常，须对其进行潜在异常原因分析。

首先，计算该异常样本 X 向量中每一个单变量的 T_i^2 和 $T_i'^2$（$i = 1，2，\cdots，10$），并对其由大到小分别排序，如表 4-4 所示。如果 $T_i'^2$ 很大，则说明变量 x_i 的值可能超出其正常参考范围或权重 w_i 较大，或两者兼有。同时，在置信水平 $\alpha = 0.01$ 时，非条件项 T_i^2 的判定界限为：

$$UCL_{T_i^2} = \left(\frac{102+1}{102} \right) \cdot F_{(0.01, 1, 102-1)} = 6.967$$

表 4-4 1 号异常样本的单变量 T_i^2 和 $T_i'^2$

T_i^2	T_1^2	T_2^2	T_3^2	T_4^2	T_5^2	T_6^2	T_7^2	T_8^2	T_9^2	T_{10}^2
	0.517	0.229	0.201	**8.654**	0.329	2.295	1.795	1.697	0.170	**6.181**
排序	6	8	9	**1**	7	3	4	5	10	**2**

续　表

ROC 权重	w_1	w_2	w_3	w_4	w_5	w_6	w_7	w_8	w_9	w_{10}
	0.193	0.034	0.021	**0.293**	0.110	0.048	0.010	0.085	0.065	**0.143**
排序	2	8	9	**1**	4	7	10	5	6	**3**
$T_i'^2$	$T_1'^2$	$T_2'^2$	$T_3'^2$	$T_4'^2$	$T_5'^2$	$T_6'^2$	$T_7'^2$	$T_8'^2$	$T_9'^2$	$T_{10}'^2$
	0.100	0.008	0.004	**2.535**	0.036	0.110	0.018	0.144	0.011	**0.883**
排序	5	9	10	**1**	6	4	7	3	8	**2**

由表 4-4 可知，$T_4'^2$ 远远大于其他的 $T_i'^2$，其次为 $T_{10}'^2$，且 $T_4^2 = 8.654 >$ $UCL_{T_i^2}$。接下来，利用正常参考样本数据，对各变量进行统计分析。此案例中变量 x_1 为性别，是一个分类变量（$x_1 = 1$ 代表女性，$x_1 = 2$ 代表男性），故需要按分类变量的取值分别对各变量进行统计，如表 4-5 所示。由于 1 号异常样本是男性，因此只需看 $x_1 = 2$ 对应的数据。另外，变量 x_2 为年龄，统计其正常参考范围的意义也不是很大。

表 4-5　正常参考样本各变量的统计值

变量	均　值		标准差		最小值		最大值	
	$x_1 = 1$	$x_1 = 2$	$x_1 = 1$	$x_1 = 2$	$x_1 = 1$	$x_1 = 2$	$x_1 = 1$	$x_1 = 2$
x_2	37.94	**47.60**	10.81	**13.09**	22.00	**26.00**	70.00	**76.00**
x_3	4.30	**4.50**	0.25	**0.25**	3.85	**3.98**	4.87	**5.13**
x_4	8.63	**9.57**	0.30	**0.36**	8.06	**8.27**	9.28	**10.08**
x_5	11.20	**8.36**	4.54	**4.43**	2.00	**1.00**	20.00	**18.00**
x_6	0.39	**0.44**	0.02	**0.02**	0.35	**0.39**	0.43	**0.48**
x_7	19.47	**19.49**	1.25	**1.15**	17.65	**15.47**	22.63	**22.18**
x_8	34.06	**31.27**	14.37	**16.73**	8.00	**4.00**	66.00	**72.00**
x_9	2.84	**2.98**	0.46	**0.45**	1.99	**1.98**	3.88	**4.14**
x_{10}	5.43	**6.01**	0.23	**0.26**	4.94	**5.23**	5.90	**6.50**

由表 4-5 可知，对于异常样本 $X' = (2, 38, 4.55, 10.90, 12, 0.47, 21.06, 53, 3.12, 6.73)$，变量 $x_4 = 10.90$ 和变量 $x_{10} = 6.73$ 分别超出了正常参考样本的统计

范围。同时,对应的 w_4 和 w_{10} 也较大(表 4-4),故导致 $T_4'^2$ 和 $T_{10}'^2$ 较大。删除变量 x_4 和 x_{10} 后,重新计算剩余变量的赋权重马氏距离值。新的赋权重马氏距离 $MD^* = 0.486$,小于阈值 $T_1(T_1=1.5)$,这意味着现在已没有异常信号,1 号异常样本的潜在异常原因分析可以停止。

其次,为了验证在此停止的合理性,继续计算条件项 $T_{i,j}'^2$。删除变量 x_4 和 x_{10} 之后,对剩余的 8 个变量,根据公式(4-41)计算所有的条件项 $T_{i,j}'^2$,并将负值修改为零,结果如表 4-6 所示。在置信水平 $\alpha = 0.01$ 时,条件项 $T_{i,j}'^2$ 的判定界限为:

$$UCL_{T_{i,j}'^2} = \frac{1}{10} \cdot \frac{103 \times 101}{102 \times 100} \cdot F_{(0.01,\ 1,\ 102-1-1)} = 0.704$$

表 4-6　1 号异常样本剩余变量的 $T_{i,j}'^2$

$T_{1,j}'^2$	$T_{1,2}'^2$	$T_{1,3}'^2$	$T_{1,5}'^2$	$T_{1,6}'^2$	$T_{1,7}'^2$	$T_{1,8}'^2$	$T_{1,9}'^2$
	0.146	0.087	0.152	−0.072	0.098	0.123	0.091
修正后的 $T_{1,j}'^2$	0.146	0.087	0.152	0	0.098	0.123	0.091
$T_{2,j}'^2$	$T_{2,1}'^2$	$T_{2,3}'^2$	$T_{2,5}'^2$	$T_{2,6}'^2$	$T_{2,7}'^2$	$T_{2,8}'^2$	$T_{2,9}'^2$
	0.054	0.008	0.018	0.030	0.009	0.051	0.027
修正后的 $T_{2,j}'^2$	0.054	0.008	0.018	0.030	0.009	0.051	0.027
$T_{3,j}'^2$	$T_{3,1}'^2$	$T_{3,2}'^2$	$T_{3,5}'^2$	$T_{3,6}'^2$	$T_{3,7}'^2$	$T_{3,8}'^2$	$T_{3,9}'^2$
	−0.009	0.005	0.025	0.016	0.008	0.026	0.003
修正后的 $T_{3,j}'^2$	0	0.005	0.025	0.016	0.008	0.026	0.003
$T_{5,j}'^2$	$T_{5,1}'^2$	$T_{5,2}'^2$	$T_{5,3}'^2$	$T_{5,6}'^2$	$T_{5,7}'^2$	$T_{5,8}'^2$	$T_{5,9}'^2$
	0.088	0.046	0.057	0.118	0.022	**0.293**	0.025
修正后的 $T_{5,j}'^2$	0.088	0.046	0.057	0.118	0.022	**0.293**	0.025
$T_{6,j}'^2$	$T_{6,1}'^2$	$T_{6,2}'^2$	$T_{6,3}'^2$	$T_{6,5}'^2$	$T_{6,7}'^2$	$T_{6,8}'^2$	$T_{6,9}'^2$
	−0.062	0.133	0.122	0.192	0.226	0.138	0.101
修正后的 $T_{6,j}'^2$	0	0.133	0.122	0.192	0.226	0.138	0.101

续　表

$T_{7,j}'^2$	$T_{7.1}'^2$	$T_{7.2}'^2$	$T_{7.3}'^2$	$T_{7.5}'^2$	$T_{7.6}'^2$	$T_{7.8}'^2$	$T_{7.9}'^2$
	0.016	0.019	0.022	0.004	0.134	0.009	0.021
修正后的 $T_{7,j}'^2$	0.016	0.019	0.022	0.004	0.134	0.009	0.021
$T_{8,j}'^2$	$T_{8.1}'^2$	$T_{8.2}'^2$	$T_{8.3}'^2$	$T_{8.5}'^2$	$T_{8.6}'^2$	$T_{8.7}'^2$	$T_{8.9}'^2$
	0.167	0.187	0.166	**0.400**	0.172	0.135	0.147
修正后的 $T_{8,j}'^2$	0.167	0.187	0.166	**0.400**	0.172	0.135	0.147
$T_{9,j}'^2$	$T_{9.1}'^2$	$T_{9.2}'^2$	$T_{9.3}'^2$	$T_{9.5}'^2$	$T_{9.6}'^2$	$T_{9.7}'^2$	$T_{9.8}'^2$
	0.002	0.031	0.010	-0.001	0.002	0.014	0.014
修正后的 $T_{9,j}'^2$	0.002	0.031	0.010	0	0.002	0.014	0.014

由表 4-6 可知,计算的所有条件项 $T_{i,j}'^2$ 均小于判定界限 0.704,说明 1 号异常样本变量间的二维线性关系与正常参考组一致,其异常的原因主要在于权重较大的变量 x_4 和变量 x_{10} 分别超出了其正常参考组的统计范围。同时,由于变量 x_4 和变量 x_{10} 均属于"望目型"质量特性,故 1 号异常样本属于"坏"的异常。

2.2 号异常样本的潜在异常原因分析

对于异常样本 $X'=(1, 38, 4.21, 8.48, 2, 0.41, 20.61, 8, 2.51, 5.62)$,其赋权重马氏距离 $MD^*=19.170$,满足 $MD_j^*>T_3$,因此该观测样本属于高度异常,须对其进行潜在异常原因分析。

首先,计算该异常样本 X 向量中每一个单变量的 T_i^2 和 $T_i'^2(i=1, 2, \cdots, 10)$,并对其由大到小分别排序,如表 4-7 所示。同时,在置信水平 $\alpha=0.01$ 时,非条件项 T_i^2 的判定界限为:

$$UCL_{T_i^2}=\left(\frac{102+1}{102}\right) \cdot F_{(0.01, 1, 102-1)}=6.967$$

由表 4-7 可知,所有的 $T_i^2(i=1, 2, \cdots, 10)$ 均小于判定界限 6.967。也就是说,异常并不是来自非条件项 T_i^2,说明所有变量的值均在其正常参考组的统计范围内,因此不能删除任何变量。

表 4-7　2 号异常样本的单变量 T_i^2 和 $T_i'^2$

T_i^2	T_1^2	T_2^2	T_3^2	T_4^2	T_5^2	T_6^2	T_7^2	T_8^2	T_9^2	T_{10}^2
	1.896	0.229	0.725	1.893	**2.491**	0.242	0.917	**2.308**	0.852	0.266
排序	**3**	10	7	4	**1**	9	5	**2**	6	8
ROC 权重	w_1	w_2	w_3	w_4	w_5	w_6	w_7	w_8	w_9	w_{10}
	0.193	0.034	0.021	**0.293**	0.110	0.048	0.010	0.085	0.065	**0.143**
排序	**2**	8	9	**1**	4	7	10	5	6	**3**
$T_i'^2$	$T_1'^2$	$T_2'^2$	$T_3'^2$	$T_4'^2$	$T_5'^2$	$T_6'^2$	$T_7'^2$	$T_8'^2$	$T_9'^2$	$T_{10}'^2$
	0.366	0.008	0.015	**0.555**	**0.274**	0.012	0.009	0.196	0.055	0.038
排序	**2**	10	7	**1**	**3**	8	9	4	5	6

其次,计算所有变量的条件项 $T_{i,j}'^2$,并将负值修改为零,结果如表 4-8 所示。在置信水平 $\alpha = 0.01$ 时,条件项 $T_{i,j}'^2$ 的判定界限为:

$$UCL_{T_{i,j}'^2} = \frac{1}{10} \cdot \frac{103 \times 101}{102 \times 100} \cdot F_{(0.01,\ 1,\ 102-1-1)} = 0.704$$

表 4-8　2 号异常样本所有变量的 $T_{i,j}'^2$

$T_{1,j}'^2$	$T_{1,2}'^2$	$T_{1,3}'^2$	$T_{1,4}'^2$	$T_{1,5}'^2$	$T_{1,6}'^2$	$T_{1,7}'^2$	$T_{1,8}'^2$	$T_{1,9}'^2$	$T_{1,10}'^2$
	0.358	0.319	−0.043	0.635	0.544	0.368	0.418	0.326	0.462
修改后的 $T_{1,j}'^2$	0.358	0.319	0	0.635	0.544	0.368	0.418	0.326	0.462
$T_{2,j}'^2$	$T_{2,1}'^2$	$T_{2,3}'^2$	$T_{2,4}'^2$	$T_{2,5}'^2$	$T_{2,6}'^2$	$T_{2,7}'^2$	$T_{2,8}'^2$	$T_{2,9}'^2$	$T_{2,10}'^2$
	0	0.006	−0.005	−0.003	0.004	0.009	0	0	0
修改后的 $T_{2,j}'^2$	0	0.006	0	0	0.004	0.009	0	0	0
$T_{3,j}'^2$	$T_{3,1}'^2$	$T_{3,2}'^2$	$T_{3,4}'^2$	$T_{3,5}'^2$	$T_{3,6}'^2$	$T_{3,7}'^2$	$T_{3,8}'^2$	$T_{3,9}'^2$	$T_{3,10}'^2$
	−0.032	0.014	−0.048	0.136	0.004	0.011	0.058	0.011	−0.010
修改后的 $T_{3,j}'^2$	0	0.014	0	0.136	0.004	0.011	0.058	0.011	0

$T'^2_{4.j}$	$T'^2_{4.1}$	$T'^2_{4.2}$	$T'^2_{4.3}$	$T'^2_{4.5}$	$T'^2_{4.6}$	$T'^2_{4.7}$	$T'^2_{4.8}$	$T'^2_{4.9}$	$T'^2_{4.10}$
	0.146	0.542	0.491	**0.789**	0.692	**0.783**	0.567	0.490	**2.537**
修改后的 $T'^2_{4.j}$	0.146	0.542	0.491	**0.789**	0.692	**0.783**	0.567	0.490	**2.537**
$T'^2_{5.j}$	$T'^2_{5.1}$	$T'^2_{5.2}$	$T'^2_{5.3}$	$T'^2_{5.4}$	$T'^2_{5.6}$	$T'^2_{5.7}$	$T'^2_{5.8}$	$T'^2_{5.9}$	$T'^2_{5.10}$
	0.542	0.262	0.394	0.507	0.370	0.310	0.071	0.213	0.385
修改后的 $T'^2_{5.j}$	0.542	0.262	0.394	0.507	0.370	0.310	0.071	0.213	0.385
$T'^2_{6.j}$	$T'^2_{6.1}$	$T'^2_{6.2}$	$T'^2_{6.3}$	$T'^2_{6.4}$	$T'^2_{6.5}$	$T'^2_{6.7}$	$T'^2_{6.8}$	$T'^2_{6.9}$	$T'^2_{6.10}$
	0.190	0.008	0.001	0.149	0.109	0.001	0.023	0.004	−0.006
修改后的 $T'^2_{6.j}$	0.190	0.008	0.001	0.149	0.109	0.001	0.023	0.004	0
$T'^2_{7.j}$	$T'^2_{7.1}$	$T'^2_{7.2}$	$T'^2_{7.3}$	$T'^2_{7.4}$	$T'^2_{7.5}$	$T'^2_{7.6}$	$T'^2_{7.8}$	$T'^2_{7.9}$	$T'^2_{7.10}$
	0.011	0.010	0.005	0.238	0.046	−0.002	0.018	0.005	0.041
修改后的 $T'^2_{7.j}$	0.011	0.010	0.005	0.238	0.046	0	0.018	0.005	0.041
$T'^2_{8.j}$	$T'^2_{8.1}$	$T'^2_{8.2}$	$T'^2_{8.3}$	$T'^2_{8.4}$	$T'^2_{8.5}$	$T'^2_{8.6}$	$T'^2_{8.7}$	$T'^2_{8.9}$	$T'^2_{8.10}$
	0.248	0.188	0.238	0.208	−0.007	0.207	0.204	0.139	0.227
修改后的 $T'^2_{8.j}$	0.248	0.188	0.238	0.208	0	0.207	0.204	0.139	0.227
$T'^2_{9.j}$	$T'^2_{9.1}$	$T'^2_{9.2}$	$T'^2_{9.3}$	$T'^2_{9.4}$	$T'^2_{9.5}$	$T'^2_{9.6}$	$T'^2_{9.7}$	$T'^2_{9.8}$	$T'^2_{9.10}$
	0.016	0.047	0.051	−0.010	−0.005	0.048	0.051	−0.001	0.053
修改后的 $T'^2_{9.j}$	0.016	0.047	0.051	0	0	0.048	0.051	0	0.053
$T'^2_{10.j}$	$T'^2_{10.1}$	$T'^2_{10.2}$	$T'^2_{10.3}$	$T'^2_{10.4}$	$T'^2_{10.5}$	$T'^2_{10.6}$	$T'^2_{10.7}$	$T'^2_{10.8}$	$T'^2_{10.9}$
	0.135	0.030	0.012	**2.020**	0.150	0.020	0.070	0.070	0.036
修改后的 $T'^2_{10.j}$	0.135	0.030	0.012	**2.020**	0.150	0.020	0.070	0.070	0.036

由表 4-8 可知,条件项 $T'^2_{4.10}$($T'^2_{4.10} = 2.537$)、$T'^2_{10.4}$($T'^2_{10.4} = 2.020$)、$T'^2_{4.5}$($T'^2_{4.5} = 0.789$)和 $T'^2_{4.7}$($T'^2_{4.7} = 0.783$)的值大于判定界限 0.704,其余条件项

的值均小于判定界限。这意味着 2 号异常样本所对应的变量 x_4 和 x_{10}、x_4 和 x_5、x_4 和 x_7 值的二维线性关系与正常参考组不一致,表现出反相关性。

　　为了验证结果的有效性,利用正常参考样本数据,对变量 x_4、x_5、x_7 和 x_{10} 进行统计分析,结果如表 4-9 和表 4-10 所示。由于 2 号异常样本是女性,因此我们只需看表 4-9 中 $x_1=1$ 对应的数据。

表 4-9　变量 x_4、x_5、x_7 和 x_{10} 的统计值

变量	均值		标准差		最小值		最大值	
	$x_1=1$	$x_1=2$	$x_1=1$	$x_1=2$	$x_1=1$	$x_1=2$	$x_1=1$	$x_1=2$
x_4	**8.63**	9.57	**0.30**	0.36	**8.06**	8.27	**9.28**	10.08
x_5	**11.20**	8.36	**4.54**	4.43	**2.00**	1.00	**20.00**	18.00
x_7	**19.47**	19.49	**1.25**	1.15	**17.65**	15.47	**22.63**	22.18
x_{10}	**5.43**	6.01	**0.23**	0.26	**4.94**	5.23	**5.90**	6.50

表 4-10　变量 x_4、x_5、x_7 和 x_{10} 的相关矩阵

	x_4	x_5	x_7	x_{10}
x_4	1	**−0.213**	**0.342**	**0.940**
x_5	−0.213	1	0.160	−0.327
x_7	0.342	0.160	1	0.315
x_{10}	0.940	−0.327	0.315	1

　　由表 4-10 可知,$c_{4,10}=0.940$,即对于正常参考组,变量 x_4 与变量 x_{10} 强正相关。然而,对于 2 号异常样本,$x_4=8.48<8.63$(均值),$x_{10}=5.62>5.43$(均值),即变量 x_4 与变量 x_{10} 的值负相关,与正常参考组不一致。同时,变量 x_4 与变量 x_5、变量 x_4 与变量 x_7 的值也与正常参考组不一致,表现出反相关性。这些反相关性导致条件项 $T'^2_{4,10}$、$T'^2_{10,4}$、$T'^2_{4,5}$ 和 $T'^2_{4,7}$ 超出判定界限 $UCL_{T'^2_{i,j}}$。

　　接着,删除变量 x_4、x_5、x_7 和 x_{10},重新计算剩余变量的赋权重马氏距离值。新的赋权重马氏距离 $MD^*=0.952$,小于阈值 $T_1(T_1=1.5)$,这意味着现在已没有异常信号,2 号异常样本的潜在异常原因分析可以停止。

　　至此,已找出 2 号患者血黏度高的潜在原因,即所有变量的值均在其正常参

考范围内,而变量 x_4 和变量 x_{10}、变量 x_4 和变量 x_5、变量 x_4 和变量 x_7 的二维线性关系被违反。由于变量 x_4、x_5、x_7 和 x_{10} 均属于"望目型"质量特性,变量间二维线性关系的违反使得 2 号异常样本也属于"坏"的异常。

4.8 本章小结

本章重点解决多维观测样本的潜在异常原因识别和异常方向确定问题。首先,概述了多维系统异常样本潜在异常原因分析方面的研究,指出 MYT 正交分解法在异常值潜在异常原因分析中的优势,即通过 MYT 正交分解可以使统计距离 T^2 分解为权重相等的正交变量,且这些正交变量与原始变量或原始变量组合直接对应,使得异常值潜在异常原因的解释非常容易。

其次,介绍了主元正交分解法,进一步突出了 MYT 正交分解法的优势。进而详细介绍了 MYT 正交分解法,其中包括 MYT 正交分解原理、正交分解项的解释、正交分解项的计算、正交分解项判定界限的确定,以及基于 MYT 正交分解的样本潜在异常原因的识别等,以此作为赋权重马氏距离函数 MYT 正交分解研究的基础。

尽管传统马氏距离函数与统计距离 T^2 相同,可以直接分解为权重相等的正交项,但是赋权重马氏距离函数与传统马氏距离函数之间却存在差异,因而其正交分解也就有所不同。接着,本章第 4 节在分析赋权重马氏距离函数与传统马氏距离函数差异的基础上,提出了赋权重马氏距离的 MYT 正交分解法,并将其应用于多维观测样本潜在异常原因分析。

再次,针对传统马氏田口施密特正交化法确定多维观测样本异常方向的不足,本章第 6 节提出了一种基于 MYT 正交分解法的异常样本异常方向确定方法,其具有很强的稳健性,适用于马氏田口逆矩阵法、伴随矩阵法和施密特正交化法。

最后,对第三章利用优化后的血黏度诊断/预测系统诊断出的两个异常样本,分别分析导致其异常的潜在原因,验证本章所提方法的有效性。对于 1 号异常样本,其潜在异常原因为权重较大的变量 x_4 和变量 x_{10} 分别超出了其正常参考组的统计范围。对于 2 号异常样本,其潜在异常原因为变量 x_4 和变量 x_{10}、变量 x_4 和变量 x_5、变量 x_4 和变量 x_7 的二维线性关系与正常参考组不一致,出现反相关问题。另外,由于变量 x_4、x_5、x_7 和 x_{10} 均属于"望目型"质量特性,故两个异常样本均属于"坏"的异常。

第五章
多维综合评价系统优化中的强相关问题研究

本章在第二章基础理论分析基础上，重点研究多维综合评价系统优化中的强相关问题，为本书第六章和第七章分别提出解决强相关问题的新方法做好准备。首先，对多维系统强相关问题进行概述，包括强相关问题的界定、强相关问题产生的影响、强相关问题的检测方法和强相关问题的传统解决方案。其次，分析强相关问题对马氏田口逆矩阵法的影响，以及解决强相关问题的马氏田口施密特正交化法和伴随矩阵法的优缺点，进而分析伴随矩阵法的理论缺陷。最后，通过某医院血黏度诊断系统的实证分析进一步验证本章的结论。

5.1 多维系统强相关问题概述

为了对客观世界的物体或事件进行综合评价，人们总是希望能尽可能多地收集相关数据信息，计算机和数据采集技术的发展使人们的这种愿望得以实现。然而，收集到的多维度数据信息中将不可避免地存在强相关问题。强相关问题也被称为多重共线性问题（Multicollinearity），是指变量/指标之间存在完全或近乎完全的线性关系。强相关问题可能是由变量之间的性质决定的或者由样本数据问题引起的[130]，它给多元分析技术，如多元线性回归、辨别分析、多维系统优化分析等带来众多困扰。例如，在多元回归模型的假设中，有一个针对解释变量之间相互关系的假设，它要求解释变量之间不存在强相关问题。当出现强相关问题时，从理论上讲，会出现回归系数的值估计不出来或者回归系数估计值的方差趋于无穷大，从而表现出假设检验均不能通过的现象。在对多维观测样本进行综合评价时，如果强相关问题严重，将可能导致综合评价指标无法计算或计算结果很不准确，进而影响多维综合评价系统的优化。

那么,用数学语言如何准确定义强相关问题? 出现强相关问题后会有什么后果? 如何判断变量之间存在强相关问题? 出现了强相关问题该怎么办? 接下来本节将对上述问题逐一进行讨论。

5.1.1 多维系统强相关问题的界定

首先,有必要对多维系统的强相关问题加以界定。从本义上讲,强相关问题是指多元线性回归模型的解释变量 $(x_1, x_2, \cdots, x_k)$ 之间存在完全的线性关系。如果用数学语言来表述就是,对于多元线性回归模型:

$$y = X'\beta + \varepsilon \tag{5-1}$$

若存在不全为零的常数 $\lambda_1, \lambda_2, \cdots, \lambda_k$,使

$$\lambda_1 x_1 + \lambda_2 x_2 + \cdots + \lambda_k x_k = 0 \tag{5-2}$$

则称公式(5-1)的多元线性回归模型存在强相关问题。

然而,现代意义上的强相关问题不仅包括解释变量之间存在严格的线性关系的情形,而且还包括解释变量之间存在一定程度的线性关系的情形,即对于多元线性回归模型(5-1)中的解释变量 $x_1, x_2, \cdots, x_k$,若存在不全为零的常数 $\lambda_1, \lambda_2, \cdots, \lambda_k$,使

$$\lambda_1 x_1 + \lambda_2 x_2 + \cdots + \lambda_k x_k + \nu = 0 \tag{5-3}$$

式中,ν 为随机扰动项,则称公式(5-1)的多元线性回归模型存在强相关问题。

为了将公式(5-2)所表示的强相关问题与公式(5-3)所表示的强相关问题区分开来,则称公式(5-2)所表示的强相关问题为完全强相关问题,公式(5-3)所表示的强相关问题为不完全或近似强相关问题。完全强相关问题是一种极端情形,不完全强相关问题则更常见。

5.1.2 多维系统强相关问题产生的影响

不管是线性回归分析中的最小二乘估计还是马氏距离函数,都建立在变量 $x_1, x_2, \cdots, x_k$ 相互独立或不存在强相关问题的前提下。如果多维系统存在强相关问题,则会带来如下一系列的问题,其中主要包括:

回归系数最小二乘估计值 $\hat{\beta} = (X'X)^{-1}X'y$ 可能远离其真实值,极端情况下可能出现回归系数估计值的符号与问题的实际意义相违背等情况;

回归系数最小二乘估计值 $\hat{\beta}$ 可能很不稳定,增加或减少一个解释变量会使系数估计值发生很大的变化,同时对样本数据的微小变化比较敏感;

回归系数最小二乘估计值的方差 $Var(\hat{\beta})=\sigma^2(X'X)^{-1}$ 可能会很大,这使得 $\hat{\beta}$ 的置信区间很宽,以致接受零(原)假设更为容易,从而使一个或多个系数的 t 统计值倾向于在统计上不显著,最终导致在变量显著性判断中删除了重要的不显著变量;

计算的样本马氏距离很不准确或根本无法计算马氏距离,进而无法基于马氏距离进行辨别分析、多维综合评价系统优化等。

综上,当出现强相关问题时,尽管回归方程对数据的拟合看上去十分良好,且最小二乘估计仍是最优线性无偏估计量,但是由于参数估计的可信度很低,所以无论进行何种分析都需要特别小心。

5.1.3　多维系统强相关问题的检测方法

既然强相关问题严重影响了多维系统的分析结果,那么我们在进行多维分析之前,有必要首先进行强相关问题的检测。Kmenta 指出:强相关问题是一个程度问题,而不是有无问题[131]。如果强相关问题不显著,则可以采用常用的有效方法进行分析。如果强相关问题显著,则应采取相应的其他分析方法,避免强相关问题带来的影响。由此可见,判断多维系统的强相关问题是否显著至关重要。常用的检测强相关问题显著性的方法包括简单相关系数检验法、方差膨胀因子(Variance Inflation Factor,VIF)诊断法、相关矩阵行列式诊断法、相关矩阵条件数诊断法、Farrar - Glauber 检验法等。

1. 简单相关系数检验法

简单相关系数检验法是一种利用解释变量之间的线性相关程度去判断是否存在强相关问题的简便方法。一般而言,如果每两个解释变量的简单相关系数(零阶相关系数)比较高,如大于 0.8 或 0.9,则可认为存在较严重的强相关问题。然而,较高的简单相关系数只是强相关问题存在的充分条件,而不是必要条件。特别是在多于两个解释变量的回归模型中,有时较低的简单相关系数也可能存在强相关问题。因此,并不能简单地依据简单相关系数进行强相关问题的准确判断。

2. 方差膨胀因子诊断法[132,133]

由于强相关问题来自一个或多个解释变量是其余解释变量的完全或近似线

性组合,所以可以做每一个解释变量对其余解释变量的线性回归,并计算相应的决定系数 R^2 ,这样的回归称为辅助回归,如公式(5-4)所示。

$$x_i = \alpha_0 + \alpha_1 x_1 + \cdots + \alpha_{i-1} x_{i-1} + \alpha_{i+1} x_{i+1} + \cdots + \alpha_k x_k + \varepsilon_i \quad (5-4)$$

基于辅助回归,方差膨胀因子可以定义为:

$$VIF_i = \frac{1}{1-R_i^2} \quad (5-5)$$

式中, R_i^2 为第 i 个解释变量 x_i 对其余解释变量 $x_1, x_2, \cdots, x_{i-1}, x_{i+1}, \cdots, x_k$ 线性回归的决定系数。

为什么将公式(5-5)称为方差膨胀因子呢? 因为回归系数最小二乘估计 $\hat{\beta}_i$ 的方差可表示为:

$$Var(\hat{\beta}_i)^* = \frac{1}{1-R_i^2} \cdot \frac{\sigma^2}{\sum_{i=1}^{k}(x_i - \bar{x}_i)^2} \quad (5-6)$$
$$= VIF_i \cdot Var(\hat{\beta}_i)$$

式中, $Var(\hat{\beta}_i)$ 为公式(5-1)简单线性回归中 $\hat{\beta}_i$ 的方差。由公式(5-6)可知, VIF_i 代表把与解释变量 x_i 相关的其余所有解释变量加入模型中而引起的方差膨胀。方差膨胀因子越大,表明解释变量之间的强相关问题越严重。如果解释变量 x_i 与其余解释变量不相关,则 $R_i^2 = 0$, $VIF_i = 1$;如果解释变量 x_i 与其余解释变量完全线性相关,则 $R_i^2 = 1$, $VIF_i = +\infty$ 。 由此可见, $1 \leqslant VIF \leqslant \infty$ 。经验表明,方差膨胀因子 $VIF \geqslant 10$ 时,就可以认为解释变量 x_i 与其余解释变量之间存在严重的强相关问题,且这种强相关问题可能会过度地影响最小二乘估计结果。

3. 相关矩阵行列式诊断法

对于公式(5-1)的多元线性回归模型,回归系数的最小二乘估计值 $\hat{\beta} = (X'X)^{-1}X'y$,其中 $X'X$ 为解释变量 $x_1, x_2, \cdots, x_k$ 的协方差矩阵。如果将解释向量 X 标准化为 Z ,则 $Z'Z$ 就对应于解释变量的相关矩阵。在多维综合评价系统优化与样本诊断/预测分析中,样本马氏距离 $MD = (X-\mu)'\sum^{-1}(X-\mu) = Z'C^{-1}Z$,其中 C 为相关矩阵。如果存在完全强相关问题,则相关矩阵的行列式等于零,即 $|Z'Z| = 0$ ($|X'X| = 0$)或 $|C| = 0$,使得 $(X'X)^{-1}$ 和 C^{-1} 不可求,进

而导致回归系数估计值和样本马氏距离不可求。如果存在近似强相关问题,则 $|Z'Z|\approx 0$($|X'X|\approx 0$)或 $|C|\approx 0$,使得计算的 $(X'X)^{-1}$ 和 C^{-1} 很不准确,进而导致回归系数估计值和样本马氏距离很不准确。因此,可以通过相关矩阵行列式的大小来判断多维系统是否存在强相关问题。需要注意的是,有关相关矩阵行列式具体等于多少才能算是接近于 0,目前还没有统一的说法。

4. 相关矩阵条件数诊断法[134]

假设相关矩阵 C 的特征根为 λ_1,λ_2,$\cdots$,λ_k($\lambda_1 \geqslant \lambda_2 \geqslant \cdots \geqslant \lambda_k > 0$),相应的特征向量为 φ_1,φ_2,$\cdots$,φ_k,则相关矩阵 C 的行列式 $|C|$ 可由公式(5-7)计算:

$$|C| = \prod_{i=1}^{k} \lambda_i \qquad (5-7)$$

由公式(5-7)可知,如果特征根中有一个或多个很小,将使行列式 $|C|$ 很小,这表明了强相关问题的存在。因此,基于相关矩阵的特征根,衡量多维系统强相关问题严重程度的相关矩阵条件数可以定义为:

$$k = \frac{\lambda_1}{\lambda_k} \qquad (5-8)$$

也就是相关矩阵 C 的最大特征根与最小特征根之比。直观上,条件数刻画了相关矩阵 C 的特征根差异的大小。然而,从实际应用的经验角度,一般若 $k < 100$,则认为强相关问题的程度很弱;若 $100 < k < 1\,000$,则认为存在中等程度或较强的强相关问题;若 $k > 1\,000$,则认为存在严重的强相关问题[135]。同时,强相关问题的构成也可通过特征向量 φ_k 加以解释。如果强相关问题严重,则:

$$[z_1, z_2, \cdots, z_k] \cdot \varphi_k \approx 0 \qquad (5-9)$$

根据公式(5-9)很容易判定哪些变量间存在强线性相关性。

5. Farrar-Glauber 检验法

Farrar 和 Glauber(1967)[136]对回归分析中的强相关问题进行了研究,并定义了用于检验强相关问题的强相关系数 M_c,如公式(5-10)所示。

$$M_c = -\left[n - 1 - \frac{(22k+5)}{6}\right] \cdot \log|C| \qquad (5-10)$$

式中,n 为样本数量;k 为解释变量的个数;$|C|$ 为相关矩阵 C 的行列式。由于

M_c 服从自由度为 $k(k-1)/2$ 的 χ^2 分布,因此可通过对比 M_c 与临界值来判断是否存在强相关问题。

除了上述诊断方法之外,还有一些其他的强相关问题诊断方法,如综合统计检验法(模型的判定系数 R^2、F 检验和 t 检验)、逐步回归检验法等。由于这些诊断方法主要是针对多元线性回归分析的,不适用于多维综合评价系统优化分析,故本书在此不再赘述。

5.1.4 强相关问题的传统解决方法

多维系统的强相关问题比较严重时该如何处理呢? 比较常用的解决方法包括:将两个彼此强相关的解释变量之一剔除;将响应变量与解释变量的主元联系起来,进行主元回归;偏最小二乘回归;岭回归等。其中,最简单的方法就是剔除引起强相关问题的解释变量之一,然而变量剔除法在一定程度上可能会带来信息的部分丢失;主元回归、偏最小二乘回归和岭回归均为回归技术,用于降低回归系数估计值的方差。

对于上述回归技术,本书主要介绍岭回归法,原因在于主元回归和偏最小二乘回归均是通过提取线性无关的成分来实现回归,难以扩展到多维综合评价系统优化与样本诊断/预测分析中的马氏距离改进。岭回归法则有所不同,其建立在最小二乘估计基础之上,以引入偏误为代价减小强相关问题下回归系数估计值的方差[137]。具体方法是:引入主对角矩阵 kI,使参数估计值为:

$$\hat{\beta}(k) = (X'X + kI)^{-1}X'y \qquad (5-11)$$

式中,$k > 0$,为岭参数或偏参数。当 k 取不同的值时,可以得到不同的估计,因此,岭估计 $\hat{\beta}(k)$ 是一个估计类。

对一切 $k \neq 0$ 和 $\beta \neq 0$,由于

$$\begin{aligned} E[\hat{\beta}(k)] &= (X'X + kI)^{-1}X'E[y] \\ &= (X'X + kI)^{-1}X'X\beta \\ &\neq \beta \end{aligned} \qquad (5-12)$$

因此,岭估计是有偏估计,这是岭估计与最小二乘估计的一个重要不同之处。可以证明,一个估计的均方误差由方差和偏差的平方两部分组成[135]。当存在强相关问题时,最小二乘估计虽然仍保持偏差部分为零,但它的方差部分却很大,最

终致使它的均方误差很大。引入岭估计是以牺牲无偏性，换取方差部分的大幅减小，最终降低其均方误差。要达到这个目的，参数 k 的选取至关重要。尽管统计学家们提出了选择参数 k 的诸多方法，但是从计算机模拟比较的结果看，这些方法中没有一个能够一致地（即对一切参数 β 和 σ^2）优于其他方法，目前应用较多的是 Hoerl-Kennard 公式和岭迹法。

岭方法(The Ridge Method)也可用于涉及逆矩阵计算的多元统计分析技术，如马氏距离、辨别分析和典型相关分析等。对于传统马氏距离函数，

$$MD = (X - \mu)' \sum\nolimits^{-1} (X - \mu) \tag{5-13}$$

式中，X 为观测值向量；μ 为总体的均值向量；Σ 为总体的协方差矩阵。如果强相关问题严重，则使 Σ^{-1} 不可求或很不准确，进而影响马氏距离的计算。利用岭方法，可使传统马氏距离函数变为：

$$MD_k = (X - \mu)' \left(\sum + kI \right)^{-1} (X - \mu) \tag{5-14}$$

该马氏距离被称为岭型马氏距离[138]，一定程度上可以克服强相关问题的影响。对于辨别分析，基于马氏距离的传统分类规则涉及样本协方差矩阵 $\hat{\Sigma}$，用 $\hat{\Sigma} + kI$ 代替 $\hat{\Sigma}$ 可以产生辨别分析的岭型分类规则[139]。上述岭方法的应用关键在于选取合适的岭参数 k。

5.2　解决强相关问题的马氏田口方法

在马氏田口逆矩阵法中，可利用马氏距离函数综合衡量样本的异常程度。如果存在强相关问题，则基于马氏距离的多维综合评价系统优化将受到影响。基于此，Taguchi 和 Jugulum 提出了解决强相关问题的马氏田口施密特正交化法和伴随矩阵法。有关马氏田口逆矩阵法、施密特正交化法和伴随矩阵法的比较研究可见本书 2.4 节内容。本节将在阐述强相关问题对马氏田口逆矩阵法影响的基础上，重点分析施密特正交化法和伴随矩阵法，进而指出提出一种更好的解决强相关问题的方法的必要性。

5.2.1　强相关问题对马氏田口逆矩阵法的影响

马氏田口方法包含两大基础：马氏距离和田口方法。马氏田口方法中数学

与统计概念的应用主要体现在马氏距离的计算上,其用于衡量多维观测样本偏离正常参考组的程度。田口方法的正交表和信噪比用于优化多维综合评价系统,并预测系统的绩效。在此过程中,强相关问题的存在主要影响样本马氏距离的计算。

对于马氏田口逆矩阵法,如果所研究的多维系统包含 k 个变量,则第 j 个样本的马氏距离如公式(5-15)所示。

$$MD_j = D_j^2 = \frac{1}{k} Z_j' C^{-1} Z_j \tag{5-15}$$

式中,$j=1, 2, \cdots, n$;k 为多维系统的变量个数;x_{ij} 为第 j 个样本的第 i 个变量值;$z_{ij} = (x_{ij} - m_i)/s_i$ 为 x_{ij} 标准化后的变量值;m_i 为第 i 个变量的均值;s_i 为第 i 个变量的标准差;Z_j 为第 j 个样本的标准化向量;Z_j' 为向量 Z_j 的转置;C^{-1} 为相关矩阵 C 的逆矩阵。

相关矩阵 C 的逆矩阵 C^{-1} 的计算公式为:

$$C^{-1} = \frac{1}{|C|} C^* \tag{5-16}$$

式中:C^* 为相关矩阵 C 的伴随矩阵;$|C|$ 为相关矩阵 C 的行列式。

如果多维综合评价系统存在强相关问题,即变量之间存在完全或近似线性相关,则正常参考样本相关矩阵(C)的行列式 $|C| = 0$ 或 $|C| \approx 0$。当作为分母的行列式等于 0 或接近于 0 时,逆矩阵(C^{-1})将无法计算或计算结果很不准确,进而影响了马氏距离的计算,使得多维综合评价系统的优化分析难以正常进行。

5.2.2 解决强相关问题的马氏田口施密特正交化法

对于马氏田口施密特正交化法,如果所研究的多维系统包含 k 个变量,则第 j 个样本的马氏距离如公式(5-17)所示。

$$MD_j = \frac{1}{k} \left(\frac{u_{1j}^2}{s_1^2} + \frac{u_{2j}^2}{s_2^2} + \cdots + \frac{u_{kj}^2}{s_k^2} \right) \tag{5-17}$$

式中,$j=1, 2, \cdots, n$;k 为多维系统的变量个数;$u_{1j}, u_{2j}, \cdots, u_{kj}$ 分别为正交化向量 $U_1, U_2, \cdots, U_k$ 的第 j 个元素值;$s_1, s_2, \cdots, s_k$ 分别为正交化向量 $U_1, U_2, \cdots, U_k$ 的标准差。可以证明,由公式(5-15)和公式(5-17)计算的样本马

氏距离是相等的。

与逆矩阵法相比,施密特正交化法样本马氏距离的计算(公式(5-17))不依赖于相关矩阵的逆矩阵,因而不受强相关问题的影响。然而,如本书2.4.4节所述,马氏田口施密特正交化法也存在很多不足之处:因为正交化向量U_i是前i个原始向量X_1,X_2,…,X_i的函数,所以施密特正交化法很难实现真正意义上的维数降低;施密特正交化法在进行正交化转换时需要考虑变量的排列次序,变量的排列次序不同,最终选择的有效正交变量也有所不同。

5.2.3　解决强相关问题的马氏田口伴随矩阵法

对于马氏田口伴随矩阵法,如果所研究的多维系统包含k个变量,则第j个样本的马氏距离如公式(5-18)所示。

$$MDA_j = \frac{1}{k}Z'_j C^* Z_j \qquad (5-18)$$

式中,$j=1$,2,…,n;k为多维系统的变量个数;Z_j为第j个样本的特征向量;Z'_j为向量Z_j的转置;C^*为相关矩阵C的伴随矩阵;MDA_j为用伴随矩阵计算的马氏距离。

尽管Taguchi和Jugulum认为伴随矩阵与逆矩阵具有相同的性质,可以利用伴随矩阵来计算马氏距离,然而,由公式(5-15)和公式(5-18)计算的马氏距离却是不相等的,它们之间的关系可表示为:

$$MD_j = \frac{MDA_j}{|C|} \qquad (5-19)$$

式中,$|C|$为相关矩阵C的行列式;MDA_j为用伴随矩阵计算的马氏距离;MD_j为用逆矩阵计算的马氏距离。

Taguchi和Jugulum认为伴随矩阵法与逆矩阵法可以取得相同的效果,在强相关问题显著的情况下伴随矩阵法效果更好,并通过案例加以证明。然而,他们的这种结论是建立在动态型信噪比基础之上的,对于越大越好型信噪比并未加以讨论。对于越大越好型信噪比,伴随矩阵法在多维系统测量表优化阶段存在缺陷,不能用于选择有效变量[140],有关这一点将在下一节加以分析解释,并利用实例对其进行验证。

5.3 马氏田口伴随矩阵法的理论缺陷

在马氏田口方法的第二步,即系统的有效性验证阶段,伴随矩阵法与逆矩阵法具有相同的功能。然而,由公式(5－19)可知,用伴随矩阵法计算的正常参考组的马氏距离均值不为1,其马氏空间将不能被称为单位组。在系统有效性得到验证的前提下,应选择合适的正交表和信噪比对多维系统进行优化,即选择有效变量。

5.3.1 正交表

在马氏田口方法中,根据多维系统的变量个数 k 选择合适的二水平正交表,将变量分配到正交表的不同列,其中"1"表示选择该变量,"2"表示不选择该变量,则正交表每一行中水平为"1"的变量构成一个多维系统,参与马氏空间的生成,并基于此马氏空间计算样本的异常程度。例如,如果初始建立的多维系统有6个变量:x_1,x_2,x_3,x_4,x_5,x_6,则选择的正交表 $L_8(2^7)$ 及变量安排如表5－1所示。对应正交表的第2行,前3个变量的水平为"1",后3个变量的水平为"2",所以马氏空间由变量 x_1、x_2 和 x_3 构成,其相关矩阵为 $C_{3\times3}$,正常参考样本和异常样本的马氏距离以此马氏空间为基础来计算。

表 5－1　正交表 $L_8(2^7)$ 及变量安排

行	1	2	3	4	5	6	7	η_q
	x_1	x_2	x_3	x_4	x_5	x_6		
1	1	1	1	1	1	1	1	
2	1	1	1	2	2	2	2	
3	1	2	2	1	1	2	2	
4	1	2	2	2	2	1	1	
5	2	1	2	1	2	1	2	
6	2	1	2	2	1	2	1	
7	2	2	1	1	2	2	1	
8	2	2	1	2	1	1	2	

5.3.2　信噪比

在马氏田口方法中,信噪比主要用于:(1) 确定有效变量;(2) 测量系统的功能;(3) 为特定条件确定有效变量。信噪比主要分为三大类:越大越好型、望目型和动态型。基于动态型信噪比的伴随矩阵法的效果已被 Taguchi 和 Jugulum 分析和证实,本节主要分析基于越大越好型信噪比的伴随矩阵法的理论缺陷。因此,此处仅给出越大越好型信噪比的计算公式,如公式(5-20)所示。

$$\eta_q = -10 \log_{10} \left[\frac{1}{t} \sum_{j=1}^{t} \left(\frac{1}{D_j^2} \right) \right] \qquad (5-20)$$

式中,t 为异常样本的个数;D_j^2 为第 j 个异常样本的马氏距离;η_q 为正交表第 q 行的信噪比。当采用逆矩阵法时,D_j^2 代表用公式(5-15)计算的马氏距离 MD_j;当采用伴随矩阵法时,D_j^2 代表用公式(5-18)计算的马氏距离 MDA_j。

信噪比 η_q 表示采用正交表第 q 行水平为"1"的变量时,多维系统测量表对异常样本的检出效果。η_q 越大,多维系统测量表对异常样本的检出效果越好。如果以 $\bar{\eta}_1$ 表示采用该变量时对异常样本的平均检出效果,$\bar{\eta}_2$ 表示不采用该变量时对异常样本的平均检出效果,则将 $\bar{\eta}_1 - \bar{\eta}_2 > 0 \text{(dB)}$ 的变量定义为有效变量。

由公式(5-19)和公式(5-20)可知,马氏田口逆矩阵法对应的越大越好型信噪比的计算公式可表述为:

$$\begin{aligned} \eta_q &= -10\log_{10} \left[\frac{1}{t} \sum_{j=1}^{t} \left(\frac{1}{MD_j} \right) \right] \\ &= -10\log_{10} \left[\frac{1}{t} \sum_{j=1}^{t} \left(\frac{|C_q|}{MDA_j} \right) \right] \end{aligned} \qquad (5-21)$$

式中,$\frac{1}{t} \sum_{j=1}^{t} MD_j$ 代表异常样本偏移正常参考组的平均距离,此距离考虑了变量间的相关性,且 MD_j 是经过变量个数 k 修改之后的距离,与变量个数没有关系。在此基础之上,对正交表不同行所对应的以马氏距离为基础的信噪比进行加减将是可行的。

然而,利用伴随矩阵法计算的马氏距离则很难实现这一点。由表 5-1 可知,每一行代表一个不同的马氏空间,而不同马氏空间里的相关矩阵不同,进而

相关矩阵的行列式也就不同，即 $|C_q|$ 不是一个常数，而是一个变量。如果正交表每一行所对应马氏空间的 $|C_q|$ 相同，则完全可以用伴随矩阵法代替逆矩阵法。然而，$|C_q|$ 并不相同，且多维系统强相关问题越突出，$|C_q|$ 差别越大。如果忽略 $|C_q|$ 的不同，直接基于伴随矩阵计算异常样本的马氏距离，进而计算信噪比，即：

$$\eta_q = -10\log\left[\frac{1}{t}\sum_{j=1}^{t}\left(\frac{1}{MDA_j}\right)\right] \tag{5-22}$$

则所计算的 η_q 相差甚远，缺乏加和性，进而以 η_q 为基础计算的每一个因素的 $\bar{\eta}_1 - \bar{\eta}_2$ 也就很难用于有效变量的选择，这就是伴随矩阵法的不足之处。接下来的实证分析将验证这个结论。

5.4　实证研究

5.4.1　数据来源

本章继续选用第三章某医院血黏度诊断系统进行实证分析。现阶段该医院考虑 16 个变量(如表 5-2 所示)，其中性别属于分类变量，其余均属于计量变量。为了分析和优化该诊断系统，收集了 102 个正常参考样本(健康人体)和 66 个异常样本(患有不同严重程度疾病的非健康人体)。

表 5-2　血黏度诊断系统的变量(优化前)

序号	变 量 名 称	变量符号	序号	变 量 名 称	变量符号
1	性别	x_1'	9	红细胞压积	x_9'
2	年龄	x_2'	10	全血高切还原黏度	x_{10}'
3	全血黏度值(1)	x_3'	11	全血低切还原黏度	x_{11}'
4	全血黏度值(2)	x_4'	12	血沉方程 K 值	x_{12}'
5	全血黏度值(3)	x_5'	13	纤维蛋白原	x_{13}'
6	全血黏度值(4)	x_6'	14	全血高切相对黏度	x_{14}'
7	血浆黏度值	x_7'	15	全血低切相对黏度	x_{15}'
8	ESR 血沉	x_8'	16	红细胞变形指数 TK	x_{16}'

5.4.2 数据分析与结果

利用马氏田口伴随矩阵法对该医院现阶段的血黏度诊断系统进行优化,具体步骤如下。

1. 建立多维系统测量表,并对其有效性进行验证

利用收集的 102 个正常参考样本数据,计算每一个变量的均值 $m_i(i=1,$ $2,\cdots,16)$ 和标准差 $s_i(i=1,2,\cdots,16)$,以及变量间的相关矩阵 $C_{16\times16}$(见附录表 1 和表 2),这些数据将构成目前血黏度诊断系统的马氏空间(MS)。因为相关矩阵的行列式 $|C_{16\times16}|=2.384\times10^{-18}\approx0$,所以接下来可采用伴随矩阵法(相关矩阵的伴随矩阵见附录表 3)对该系统进行优化,以便说明伴随矩阵法在选择有效变量时存在的问题。

获得马氏空间的特征量后,将所有样本数据进行标准化转换,并利用公式(5-18)计算马氏距离,如表 5-3 所示。图 5-1 显示了正常参考样本和异常样本的马氏距离,从图上可以看出,虽然不是所有异常样本的马氏距离都大于正常参考样本的马氏距离,但是大部分还是大于的,且异常样本马氏距离的均值为 $1.28\mathrm{E}-17$,明显大于正常参考样本马氏距离的均值 $2.36\mathrm{E}-18$,即可以认为现有的多维系统测量表是有效的(对比见图 5-2),可以进入下一步骤的优化阶段。

表 5-3 样本的马氏距离(伴随矩阵法)(优化前)

	1	2	3	4	…	100	101	102	均值
正常 参考样本	2.06E-18	2.33E-18	2.37E-18	8.30E-19	…	3.61E-18	1.48E-18	2.27E-18	2.36E-18

	1	2	3	4	…	64	65	66	均值
异常 样本	7.80E-18	6.95E-18	1.01E-17	8.89E-18	…	1.67E-17	6.20E-18	3.37E-18	1.28E-17

2. 确定有效变量,优化测量表

并非每一个变量都有助于提高诊断精度,有些变量对诊断结果没有任何帮助,甚至存在干扰,因此有必要选择出有效变量,降低诊断系统的维度。首先,由于现阶段的血黏度诊断系统有 16 个变量,所以仍然采用正交表 $L_{20}(2^{19})$,如表

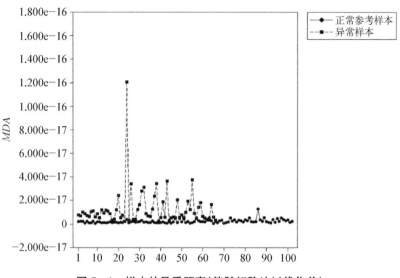

图 5-1　样本的马氏距离(伴随矩阵法)(优化前)

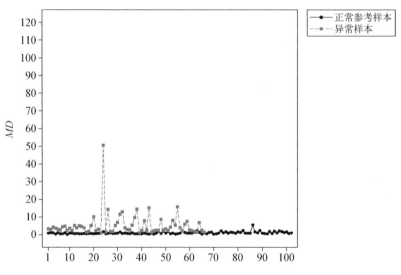

图 5-2　样本的马氏距离(逆矩阵法)(优化前)

5-4所示。其次,利用异常样本数据,根据公式(5-22)计算正交表每一行的信噪比,如表 5-4 的最后一列所示。接着,根据正交表每一行的信噪比计算每一个变量对应的 $\bar{\eta}_1$ 和 $\bar{\eta}_2$,以及 $\bar{\eta}_1 - \bar{\eta}_2$,结果如表 5-5 所示;最后,根据信噪比增加值 $\bar{\eta}_1 - \bar{\eta}_2$ 的正负号选择有效变量($\bar{\eta}_1 - \bar{\eta}_2 > 0$)。

表 5-4　正交表 $L_{20}(2^{19})$ 及变量安排(伴随矩阵法)

行	1	2	3	4	5	6	7	8	9	10	11	12	13	14	15	16	17	18	19	η_q
	x_1'	x_2'	x_3'	x_4'	x_5'	x_6'	x_7'	x_8'	x_9'	x_{10}'	x_{11}'	x_{12}'	x_{13}'	x_{14}'	x_{15}'	x_{16}'				
1	2	1	2	2	1	1	1	1	2	1	2	1	2	2	2	2	1	1	2	−78.323
2	2	2	1	2	2	1	1	1	1	2	1	2	1	2	2	2	2	1	1	−91.747
3	1	2	2	1	2	2	1	1	1	1	2	1	2	1	2	2	2	2	1	−220.827
4	1	1	2	2	1	2	2	1	1	1	1	2	1	2	1	2	2	2	2	−108.420
5	2	1	1	2	2	1	2	2	1	1	1	1	2	1	2	1	2	2	2	−326.899
6	2	2	1	1	2	2	1	2	2	1	1	1	1	2	1	2	1	2	2	−168.565
7	2	2	2	1	1	2	2	1	2	2	1	1	1	1	2	1	2	1	2	−153.845
8	2	2	2	2	1	1	2	2	1	2	2	1	1	1	1	2	1	2	1	−93.047
9	1	2	2	2	2	1	1	2	2	1	2	2	1	1	1	1	2	1	2	−269.242
10	2	1	2	2	2	2	1	1	2	2	1	2	2	1	1	1	1	2	1	−79.908
11	1	2	1	2	2	2	2	1	1	2	2	1	2	2	1	1	1	1	2	−158.738
12	2	1	2	1	2	2	2	2	1	1	2	2	1	2	2	1	1	1	1	−106.831
13	1	2	1	2	1	2	2	2	2	1	1	2	2	1	2	2	1	1	1	−101.822
14	1	1	2	1	2	1	2	2	2	2	1	1	2	2	1	2	2	1	1	−74.266
15	1	1	1	2	1	2	1	2	2	2	2	1	1	2	2	1	2	2	1	−55.767
16	1	1	1	1	2	1	2	1	2	2	2	2	1	1	2	2	1	2	2	−120.718
17	2	1	1	1	1	2	1	2	1	2	2	2	2	1	1	2	2	1	2	−245.869
18	2	2	1	1	1	1	2	1	2	1	2	2	2	2	1	1	2	2	1	−205.278
19	1	2	2	1	1	1	1	2	1	2	1	2	2	2	2	1	1	2	2	−190.051
20	1	1	1	1	1	1	1	1	1	1	1	1	1	1	1	1	1	1	1	−793.548

表 5-5　信噪比增加值(伴随矩阵法)

变　　量	$\bar{\eta}_1$	$\bar{\eta}_2$	$\bar{\eta}_1 - \bar{\eta}_2$
x_1'	−209.340	−155.031	−54.309
x_2'	−199.055	−165.316	−33.739
x_3'	−226.895	−137.476	−89.419
x_4'	−227.980	−136.391	−91.589
x_5'	−202.597	−161.774	−40.823

变　　量	$\bar{\eta}_1$	$\bar{\eta}_2$	$\bar{\eta}_1 - \bar{\eta}_2$
x_6'	-224.312	-140.059	-84.253
x_7'	-219.385	-144.986	-74.399
x_8'	-201.135	-163.236	-37.899
x_9'	-233.598	-130.773	-102.825
x_{10}'	-237.976	-126.395	-111.581
x_{11}'	-208.907	-155.464	-53.443
x_{12}'	-212.383	-151.989	-60.394
x_{13}'	-196.173	-168.198	-27.975
x_{14}'	-240.573	-123.799	-116.774
x_{15}'	-219.688	-144.683	-75.005
x_{16}'	-234.011	-130.361	-103.650

　　由表 5-5 可知,所有变量信噪比增加值均为负值,即通过伴随矩阵法不能选择出一个有效变量。伴随矩阵法不能选择出有效变量的原因在于,正交表中每一行对应变量的相关矩阵行列式不相等,且差别很大(所有变量都参与马氏空间的形成时,即正交表最后一行所对应的马氏空间,相关矩阵的行列式 $|C|=2.383\,7 \times 10^{-18}$,因而根据伴随矩阵计算的异常样本的马氏距离将会非常大,进而导致这一行的信噪比非常小),这使得正交表各行对应的信噪比失去了可比性,也就无法加和,这也验证了前文所述的越大越好型信噪比对应的伴随矩阵法本身的缺陷所在。因此,很有必要提出一种解决多维系统强相关问题的更加有效、更加稳健的方法。

5.5　本章小结

　　本章重点研究多维综合评价系统优化中的强相关问题。

　　首先对多维系统强相关问题进行了界定,包括完全强相关问题和不完全(近似)强相关问题,在此基础上分析了强相关问题对多元分析技术的影响,总结了检测多维系统强相关问题的方法,其中包括简单相关系数检验法、方差膨胀因子诊断法、相关矩阵行列式诊断法、相关矩阵条件数诊断法和 Farrar - Glauber 检验法，以及解决强相关问题的传统解决方法，尤其是岭回归法，它对多维综合评价系统优化中强相关问题的解决具有一定的启发意义。

其次，分析了强相关问题对马氏田口逆矩阵法的影响，以及解决强相关问题的马氏田口施密特正交化法和伴随矩阵法的优缺点，进而分析了伴随矩阵法的理论缺陷——基于越大越好型信噪比在多维系统优化阶段无法选择出有效变量。

最后，继续选用第三章的血黏度诊断系统进行实证分析，验证本章的结论。由于正常参考组的相关矩阵行列式 $|C_{16 \times 16}| = 2.384 \times 10^{-18} \approx 0$，即强相关问题显著，故采用伴随矩阵法对该诊断系统进行优化。然而，基于越大越好型信噪比未能选择出有效变量，因为每一个变量的信噪比增加值均小于 0，验证了伴随矩阵法的不足之处。

第六章
马氏田口 M－P 广义逆矩阵法

本章在第五章研究分析的基础上,重点解决多维综合评价系统优化中的完全强相关问题。由于马氏田口施密特正交化法和伴随矩阵法均是通过改进马氏距离函数的方式来解决强相关问题,因此本章也将从这个角度出发提出新的改进方法。首先,对现有的相关研究进行阐述。其次,对广义逆矩阵进行介绍,重点分析一种特殊的广义逆矩阵——M－P广义逆矩阵的重要特性。接着,提出一种解决强相关问题的新方法——马氏田口 M－P 广义逆矩阵法,给出其具体的实施步骤。再次,分析马氏田口 M－P 广义逆矩阵法相比于马氏田口逆矩阵法的优势。最后,通过某医院血黏度诊断系统的实证分析进一步验证本章所提出方法的有效性。

6.1 多维综合评价系统的强相关问题

6.1.1 问题的提出

如果多维综合评价系统存在强相关问题,将使得衡量样本异常程度的综合评价指标——马氏距离无法计算或计算结果很不准确,进而给基于马氏距离函数的多维综合评价系统优化分析带来困扰。

6.1.2 前人的探索

Öztürk 和 Akdeniz(2000)[138]提出了岭型马氏距离,可以在一定程度上克服强相关问题对马氏距离函数的影响,但如何选取合适的岭参数 k 则是该方法的关键所在。基于传统的马氏田口逆矩阵法,Taguchi 和 Jugulum(2002)[12]提出了马氏田口施密特正交化法和伴随矩阵法,使得样本马氏距离的计算不受强相关问题的影响。然而,这两种方法均存在不足之处(已在第二章和第五章阐述)。鲁茂和贺昌政(2007)[141]提出将彼此强相关的变量之一剔除,但这可能导致变量选择不当,信息在一定程度上的丢失。Chen 和 Phillips(2009)[142]建议选择不高度相关的变量构成多维综合评价系统,但操作起来有很大难度。鉴于此,本章对马氏距离函数进一步改进,使其不受完全强相关问题的影响,解决多维综合评价系统优化中的完全强相关问题。

6.2 广义逆矩阵概述

在线性代数中,对于任何矩阵 $A \in C^{n \times n}$,如果 $|A| \neq 0$,则必存在 A 的唯一逆矩阵 A^{-1},使得

$$A^{-1}A = AA^{-1} = E_n \qquad (6-1)$$

式中,E_n 为 n 阶单位矩阵。然而,当 A 不是方阵或 A 是满足 $|A| = 0$ 的方阵(奇异方阵)时,上述逆矩阵就不存在了。这时,需要将逆矩阵推广到非方阵或奇异方阵上,从而产生了广义逆矩阵的概念。

6.2.1 广义逆矩阵

对于矩阵 $A \in C^{m \times n}$,如果存在矩阵 $G \in C^{n \times m}$,满足如下 Penrose-Moore 方程中的一部分或者全部,则称矩阵 G 为矩阵 A 的广义逆矩阵,记为 $G = A^{-1}$。

$$AGA = A, \qquad (6-2)$$

$$GAG = G, \qquad (6-3)$$

$$(GA)^H = GA, \qquad (6-4)$$

$$(AG)^H = AG \qquad (6-5)$$

式中,H 为矩阵的共轭转置。按照这一定义,总共有 15 类广义逆矩阵,常用的广义逆矩阵主要包括左/右逆矩阵、自反广义逆矩阵、M-P 广义逆矩阵等。需要注意的是,不管是哪种类型的广义逆矩阵,当矩阵 A 为可逆的方阵时,其广义逆矩阵都将变为普通逆矩阵。

6.2.2　M‑P广义逆矩阵

对于矩阵 $A \in C^{m \times n}$，如果存在矩阵 $G \in C^{n \times m}$，使得 $AGA = A$，$GAG = G$，$(GA)^H = GA$，$(AG)^H = AG$，则称矩阵 G 为矩阵 A 的 M‑P广义逆矩阵，记为 $G = A^+$。从定义可以看出，M‑P广义逆矩阵（A^+）是全部满足上述 4 个矩阵方程的广义逆矩阵。

一个矩阵可能存在多个广义逆矩阵，而其 M‑P广义逆矩阵是存在、唯一的[143]。因此，不管采用最大秩分解法、奇异值分解法、谱分解法、极限算法，还是级数展开法，计算出的 M‑P广义逆矩阵都是唯一确定的。然而，其余各类广义逆矩阵都不具有唯一性，且采用不同方法计算出的广义逆矩阵差异较大。当矩阵 A 为可逆的方阵时，其广义逆矩阵将变为普通逆矩阵，M‑P广义逆矩阵也不例外，因为 M‑P广义逆矩阵是广义逆矩阵的特殊子集。M‑P广义逆矩阵还具有许多其他的重要性质，因此 M‑P广义逆矩阵的应用十分广泛。

6.3　M‑P广义逆矩阵在马氏距离计算中的应用

6.3.1　应用的背景

广义逆矩阵，尤其是 M‑P广义逆矩阵，在处理强相关问题方面具有很强的能力。在多维综合评价系统优化中，如果存在完全强相关问题，即相关矩阵为奇异矩阵，相关矩阵的行列式为零，则普通逆矩阵将无法计算。然而，其广义逆矩阵可以计算，尤其 M‑P广义逆矩阵可以唯一确定。因此，针对多维系统完全强相关问题，可以利用 M‑P广义逆矩阵来计算多维观测样本的马氏距离。

6.3.2　应用的稳建性

如果所研究的多维系统包含 k 个变量，则基于 M‑P广义逆矩阵计算的第 j 个样本的马氏距离定义为：

$$MD_j = D_j^2 = Z_j' C^+ Z_j \qquad (6-6)$$

式中，$j = 1, 2, \cdots, n$；MD_j 为第 j 个样本的马氏距离；Z_j 为第 j 个观测样本的标准化向量；Z_j' 为向量 Z_j 的转置；C^+ 为相关矩阵 C 的 M‑P广义逆矩阵。如果强相关问题不严重,则相关矩阵的 M–P 广义逆矩阵(C^+)将变为普通逆矩阵(C^{-1})。由此可见,基于 M–P 广义逆矩阵的马氏距离函数具有很好的稳健性。

6.4 马氏田口 M–P 广义逆矩阵法

马氏田口方法的两大基础是马氏距离和田口方法。多维综合评价系统强相关问题的存在并不影响田口方法的应用,影响的仅仅是样本马氏距离的计算。因此,基于 M–P 广义逆矩阵和马氏田口逆矩阵法,本章提出解决强相关问题的马氏田口 M–P 广义逆矩阵法。

基于本书第三章的研究,马氏田口 M–P 广义逆矩阵法也可分为两个阶段,且在不同阶段应采用不同的马氏距离函数。第一阶段的主要目的是建立并优化多维系统测量表,提高异常样本与正常参考样本的区分度,样本异常程度的衡量应采用等权重马氏距离函数;而第二阶段是利用优化后的测量表进行观测样本诊断/预测分析,为了更加准确、合理地衡量观测样本的异常程度,则应采用赋权重马氏距离函数。

如果所研究的多维系统包含 k 个变量,则基于 M–P 广义逆矩阵计算的第 j 个观测样本的等权重马氏距离如公式(6–7)所示,赋权重马氏距离如公式(6–8)所示。

$$MD_j = D_j^2 = \frac{1}{k} Z_j' C^+ Z_j \qquad (6-7)$$

$$MD_j = D_j^2 = Z_j' W C^+ Z_j \qquad (6-8)$$

根据公式(6–7)和公式(6–8)计算的样本马氏距离仍然可使马氏空间的定义不受多维系统变量个数的影响,且使马氏空间内样本马氏距离的均值为 1。

类似于传统马氏田口方法,马氏田口 M–P 广义逆矩阵法也包含 4 大基本步骤。具体步骤如下:

6.4.1 构建一个含有马氏空间(MS)的测量表作为参考点

首先,确定变量,用以定义多维系统测量表。其次,收集正常参考样本的数据,并利用收集的数据计算每一个变量的均值 m_i 和标准差 s_i,以及变量间的相

关矩阵 C,构成马氏空间。最后,根据公式(6-7)计算正常参考样本的马氏距离。如果正常参考样本的马氏距离均值大于1,则表明样本数量不足或所选的构建马氏空间的变量存在问题,需要增加样本数量或重新确定多维系统测量表的变量。需要注意的是,一般需要由专业人员确定用于定义多维系统测量表的变量,并界定多维系统的观测样本是属于正常样本还是属于异常样本。同时,应收集足够多的正常参考样本,其理想大小为 $3k$,即多维系统变量个数 k 的3倍。

6.4.2 测量表的有效性验证

为了验证测量表的有效性,首先需要确定异常样本(异常样本可以是马氏空间以外的任何样本)。其次,利用马氏空间中的均值 m_i、标准差 s_i 和相关矩阵 C 对异常样本数据标准化,进而根据公式(6-7)计算异常样本的等权重马氏距离。如果异常样本的马氏距离大于正常参考样本的马氏距离,则说明所构建的多维系统测量表是有效的;否则,需要重新定义变量或界定正常参考组。

6.4.3 确定有效变量,优化测量表

首先,根据多维系统的变量个数 k 选择合适的二水平正交表,将变量分配到正交表的不同列,并对正交表每一行对应的马氏空间,根据公式(6-7)计算异常样本的马氏距离,如第 q 行 t 个异常样本的马氏距离为 MD_{q1}, MD_{q2}, …, MD_{qt}。其次,根据系统真实水平的可知性和马氏空间外异常样本与正常样本的混合性,选择相应的信噪比类型(越大越好型、望目型或动态型),计算正交表每一行的信噪比 η_q。接着,针对每一个变量,计算采用该变量时对异常样本的平均检出效果 $\bar{\eta}_1$ 和不采用该变量时对异常样本的平均检出效果 $\bar{\eta}_2$,以及信噪比增加值 $\bar{\eta}_1 - \bar{\eta}_2$,选择 $\bar{\eta}_1 - \bar{\eta}_2 > 0$ 的变量为有效变量,得到优化后的测量表。最后,针对优化后的测量表,计算异常样本的马氏距离和系统信噪比,验证优化后的测量表的信噪比是否得到改善,变异是否得到控制。

6.4.4 采用优化后的测量表进行诊断/预测

首先,对优化后的测量表各变量赋予主观权重。其次,综合考虑造成的损失和需要的成本,利用"望小"型二次损失函数(公式(2-14))确定阈值 T。接着,根据公式(6-8)计算观测样本的赋权重马氏距离,并通过与阈值比较来确定相应的措施。如果观测样本的马氏距离特别小,则可适当拉长观测样本两次诊断

间的时间,减少诊断次数,或可预测较长时间以后观测样本的状况;如果观测样本的马氏距离很大,即属于中度或高度异常,则需利用本书第四章提出的方法分析导致该样本异常的潜在原因,进而制定相应的解决方案。一般情况下,优化后测量表的强相关问题将不再严重,因此,基于 M-P 广义逆矩阵和基于普通逆矩阵计算的观测样本马氏距离是相等的。

6.5 马氏田口 M-P 广义逆矩阵法的对比优势

对比分析马氏田口 M-P 广义逆矩阵法与马氏田口逆矩阵法,可知马氏田口 M-P 广义逆矩阵法具有很大的优势。

6.5.1 存在性

如果多维综合评价系统存在完全强相关问题,则基于普通逆矩阵的样本马氏距离将无法计算,导致马氏田口逆矩阵法失效,难以对多维综合评价系统进行优化。然而,一个矩阵的 M-P 广义逆矩阵的存在性,保证了基于 M-P 广义逆矩阵的马氏距离一定可以计算,从而解决了由完全强相关问题导致的传统马氏距离不能计算的问题。由此可见,马氏田口 M-P 广义逆矩阵法可用于任何多维综合评价系统的优化与样本诊断/预测分析,其适用范围更广。

6.5.2 唯一性

一个矩阵的广义逆矩阵可能有多个,但其 M-P 广义逆矩阵却是唯一的。因此,不管采用何种方法计算一个矩阵的 M-P 广义逆矩阵,其计算结果都是一样的,这保证了基于 M-P 广义逆矩阵计算的马氏距离是唯一的、确定的。

6.5.3 普适性

如果多维综合评价系统不存在完全强相关问题,则相关矩阵的 M-P 广义逆矩阵就等同于其普通逆矩阵,此时马氏田口 M-P 广义逆矩阵法也将变为马氏田口逆矩阵法。由此可见,马氏田口逆矩阵法是马氏田口 M-P 广义逆矩阵法的特例,而马氏田口 M-P 广义逆矩阵法更具有普适性。马氏田口逆矩阵法与 M-P 广义逆矩阵法的关系如图 6-1 所示。

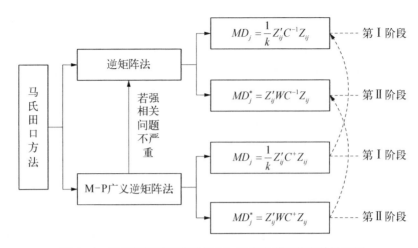

图 6-1 马氏田口逆矩阵法与 M-P 广义逆矩阵法的关系图

6.6 实证研究

6.6.1 数据来源

本章继续选用第三章某医院血黏度诊断系统进行实证分析。现阶段该医院考虑 16 个变量(如表 6-1 示),其中性别属于分类变量,其余均属于计量变量。为了分析和优化该诊断系统,收集了 102 个正常参考样本(健康人体)和 66 个异常样本(患有不同严重程度疾病的非健康人体)。

表 6-1 血黏度诊断系统的变量(优化前)

序号	变量名称	变量符号	序号	变量名称	变量符号
1	性别	x'_1	9	红细胞压积	x'_9
2	年龄	x'_2	10	全血高切还原黏度	x'_{10}
3	全血黏度值(1)	x'_3	11	全血低切还原黏度	x'_{11}
4	全血黏度值(2)	x'_4	12	血沉方程 K 值	x'_{12}
5	全血黏度值(3)	x'_5	13	纤维蛋白原	x'_{13}
6	全血黏度值(4)	x'_6	14	全血高切相对黏度	x'_{14}
7	血浆黏度值	x'_7	15	全血低切相对黏度	x'_{15}
8	ESR 血沉	x'_8	16	红细胞变形指数 TK	x'_{16}

6.6.2 数据分析与结果

利用收集的 102 个正常参考样本数据,计算每一个变量的均值 m_i($i=1$,2,…,16) 和标准差 s_i($i=1$, 2, …, 16),以及变量间的相关矩阵 $C_{16\times16}$。 由于相关矩阵的行列式 $|C_{16\times16}|=2.384\times10^{-18}\approx0$,即存在近似强相关问题,因此将选用马氏田口 M－P 广义逆矩阵法对该诊断系统进行优化分析。然而,由于相关矩阵的行列式($|C|$)不严格等于零,故相关矩阵的 M－P 广义逆矩阵与普通逆矩阵相等,因此马氏田口 M－P 广义逆矩阵法对该系统的优化与马氏田口逆矩阵法对该系统的优化完全相同(见本书第三章),故此处不再赘述。

为了进一步说明马氏田口 M－P 广义逆矩阵法的优势所在,在上述实例基础之上人为添加一个变量 x'_{17},让其与变量 x'_{16} 完全线性相关。在这种情况下,正常参考样本相关矩阵的行列式 $|C_{17\times17}|=0$,即相关矩阵属于奇异矩阵,因此无法计算其普通逆矩阵,也就无法利用马氏田口逆矩阵法对该诊断系统进行优化分析。然而,奇异矩阵的 M－P 广义逆矩阵是存在的、唯一的。因此,接下来将利用马氏田口 M－P 广义逆矩阵法对该诊断系统进行优化与样本诊断/预测分析。

1. 建立多维系统测量表,并对其有效性进行验证

获得马氏空间的特征量 m_i($i=1$, 2, …, 17)、s_i($i=1$, 2, …, 17)和 $C_{17\times17}$ 之后,将所有样本数据进行标准化转换,并利用公式(6-7)计算正常参考样本和异常样本的等权重马氏距离,如表 6-2 所示。

表 6-2 样本的马氏距离(M－P 广义逆矩阵法)(优化前)

	1	2	3	4	…	99	100	101	102	均值
正常	0.814	0.921	0.934	0.328	…	1.124	1.425	0.583	0.895	**0.931 95**
	1	2	3	4	…	63	64	65	66	均值
异常	3.083	2.748	3.988	3.522	…	1.310	6.581	2.447	1.331	**5.067 79**

由表 6-2 可知,正常参考样本马氏距离的均值为 $0.931\,95\approx1$;同时,大部分异常样本的马氏距离大于正常参考样本的马氏距离,且其均值为 5.067 79,因

此可以认为现阶段的测量表是有效的,可进入下一步测量表的优化。

2. 确定有效变量,优化测量表

由于现阶段的诊断系统有 17 个变量,故仍可采用正交表 $L_{20}(2^{19})$,如表 6-3 所示。首先,针对正交表每一行建立相应的马氏空间,根据公式(6-7)计算异常样本的等权重马氏距离,并利用异常样本的马氏距离计算正交表每一行的信噪比(越大越好型),如表 6-3 最后一列所示。

其次,根据正交表每一行的信噪比计算每一个变量信噪比的增加值,如表 6-4 所示。最后,根据变量信噪比增加值的正负号选择有效变量,选择的有效变量的排序为 x'_8,x'_{12},x'_1,x'_{15},x'_6,x'_{13},x'_2,x'_3,x'_{11}。

表 6-3 正交表 $L_{20}(2^{19})$ 及变量安排(M-P 广义逆矩阵法)

行	1 x'_1	2 x'_2	3 x'_3	4 x'_4	5 x'_5	6 x'_6	7 x'_7	8 x'_8	9 x'_9	10 x'_{10}	11 x'_{11}	12 x'_{12}	13 x'_{13}	14 x'_{14}	15 x'_{15}	16 x'_{16}	17 x'_{17}	18	19	η_q
1	2	1	2	2	1	1	1	1	1	2	1	2	2	2	2	1	1	1	2	3.480
2	2	2	1	2	2	1	1	1	1	2	1	2	1	2	2	2	2	1	1	2.993
3	1	2	2	1	2	2	1	1	1	2	1	2	1	2	2	2	2	2	1	3.409
4	1	1	2	2	1	2	2	1	1	1	2	1	2	1	2	2	2	2	2	4.112
5	2	1	1	2	2	1	2	2	1	1	1	2	1	2	1	2	2	2	2	2.509
6	2	2	1	1	2	2	1	2	2	1	1	1	2	1	2	1	2	2	2	2.110
7	2	2	2	1	1	2	2	1	2	2	1	1	1	2	1	2	1	2	2	3.732
8	2	2	2	2	1	1	2	2	1	2	2	1	1	1	2	1	2	1	2	2.757
9	1	2	2	2	2	1	1	2	2	1	2	2	1	1	1	2	1	2	2	2.233
10	2	1	2	2	2	2	1	1	2	2	1	2	2	1	1	1	2	2	1	2.372
11	2	2	1	2	2	2	2	1	1	2	2	1	2	2	1	1	1	1	2	5.018
12	2	1	2	1	2	2	2	2	1	1	2	2	1	2	2	1	1	1	1	0.101
13	1	2	1	2	1	2	2	2	2	1	1	2	2	1	2	2	1	1	1	1.154
14	1	1	2	1	2	1	2	2	2	2	1	1	2	2	1	2	2	1	1	4.161
15	1	1	1	2	1	2	1	2	2	2	2	1	1	2	2	1	2	2	1	2.784
16	1	1	1	1	2	1	2	1	2	2	2	2	1	1	2	2	1	2	2	4.095
17	2	1	1	1	1	2	1	2	1	2	2	2	2	1	1	2	2	1	2	1.048
18	2	2	1	1	1	1	2	1	2	1	2	2	2	2	1	1	2	2	1	2.477
19	1	2	2	1	1	1	1	2	1	2	1	2	2	2	2	1	1	2	2	0.783
20	1	1	1	1	1	1	1	1	1	1	1	1	1	1	1	1	1	1	1	4.444

表 6 - 4　信噪比增加值(M - P 广义逆矩阵法)

变　　量	$\overline{\eta}_1$	$\overline{\eta}_2$	$\overline{\eta}_1 - \overline{\eta}_2$
x'_1	3.219	2.358	0.861
x'_2	2.911	2.667	0.244
x'_3	2.863	2.714	0.149
x'_4	2.636	2.941	−0.305
x'_5	2.677	2.900	−0.223
x'_6	2.993	2.584	0.409
x'_7	2.566	3.012	−0.446
x'_8	3.613	1.964	1.649
x'_9	2.717	2.860	−0.143
x'_{10}	2.603	2.974	−0.371
x'_{11}	2.837	2.740	0.097
x'_{12}	3.440	2.137	1.303
x'_{13}	2.936	2.641	0.295
x'_{14}	2.775	2.802	−0.027
x'_{15}	3.073	2.504	0.569
x'_{16}	2.645	2.932	−0.287
x'_{17}	2.631	2.946	−0.315

　　确定了有效变量 x'_8，x'_{12}，x'_1，x'_{15}，x'_6，x'_{13}，x'_2，x'_3，x'_{11} 之后,需要对优化后的测量表进行验证。针对优化后的测量表,根据公式(6 - 7)计算正常参考样本和异常样本的等权重马氏距离,如表 6 - 5 所示。同时,计算系统信噪比,分析系统优化前、后的性能,如表 6 - 6 所示。

表 6 - 5　样本的马氏距离(M - P 广义逆矩阵法)(优化后)

	1	2	3	4	…	99	100	101	102	均值
正常	0.890	0.695	0.749	0.264	…	1.418	1.277	0.719	1.426	**0.990 20**

	1	2	3	4	…	63	64	65	66	均值
异常	3.465	3.055	3.097	3.685	…	2.274	7.426	2.858	2.024	**5.526 94**

表 6 - 6　信噪比分析(M - P广义逆矩阵法)

S/N 比(原始系统)	4.444	S/N 比增加	0.539
S/N 比(优化系统)	4.983	变异范围的降低/%	**6.04**

　　由表 6 - 5 可知,正常参考样本马氏距离的均值为 0.990 20≈1,异常样本马氏距离的均值为 5.526 94,大于 5.067 79(优化前异常样本马氏距离的均值),这表明无效变量的删除提高了测量表的区分度。同时,由表 6 - 6 可知,系统变异减少了 6.04%,即优化后的系统性能得到了明显改善,可基于此优化系统进行未来观测样本的诊断/预测分析。由此可见,在变量完全线性相关情况下,马氏田口 M - P 广义逆矩阵法具有更大的优势,可用于多维综合评价系统的优化与样本诊断/预测分析。

　　由于优化后的测量表正常参考样本的相关矩阵行列式 $|C_{9\times9}|=0.000\ 106$,不严格等于零,后续的案例分析将类似于本书第三章,故此处不再赘述。

6.7　本章小结

　　本章在第五章研究分析的基础上,提出了一种解决多维综合评价系统强相关问题的新方法——马氏田口 M - P 广义逆矩阵法。

　　首先,介绍了广义逆矩阵和 M - P 广义逆矩阵,重点分析了 M - P 广义逆矩阵的重要特性,在此基础上分析了 M - P 广义逆矩阵在马氏距离计算中的应用。

　　其次,基于 M - P 广义逆矩阵和马氏田口逆矩阵法,提出了马氏田口 M - P 广义逆矩阵法。类似于传统马氏田口方法,马氏田口 M - P 广义逆矩阵法也分为两个阶段,且在不同阶段采用不同的马氏距离函数,给出了马氏田口 M - P 广义逆矩阵法的具体实施步骤。同时,基于本书第四章的研究对马氏田口 M - P 广义逆矩阵法的第四个步骤进行了延伸,即对诊断出的异常样本应进行潜在异常原因分析。接着,分析了马氏田口 M - P 广义逆矩阵法相比于马氏距离逆矩阵法的优势,包括存在性、唯一性和普适性。

　　最后,利用马氏田口 M - P 广义逆矩阵法对某医院的血黏度诊断系统进行优化分析。由于该案例正常参考样本相关矩阵的行列式不严格等于 0,利用马氏田口 M-P 广义逆矩阵法得到的优化后测量表同于第三章的优化结果,故本章省略了优化分析过程。为了进一步说明马氏田口 M-P 广义逆矩阵法的优势,在此案例基础上人为添加变量 x'_{17},使其与变量 x'_{16} 完全线性相关。针对新的血黏度诊断系统(含 17 个变量),无法利用马氏田口逆矩阵法对其进行优化(相关矩阵的行列式为 0),然而通过马氏田口 M-P 广义逆矩阵法选择出了有效变量 x'_8,x'_{12},x'_1,x'_{15},x'_6,x'_{13},x'_2,x'_3,x'_{11},优化了血黏度诊断系统。

第七章
基于 FDOD 度量的多维系统优化中强相关问题研究

本书第六章通过改进马氏距离函数提出了马氏田口 M－P 广义逆矩阵法，克服了完全强相关问题对多维综合评价系统优化分析的影响。本章拟另辟蹊径，引入信息论中的 FDOD 度量，用以代替马氏距离函数来衡量多维观测样本的异常程度，彻底解决多维综合评价系统优化中的强相关问题。首先，介绍信息熵及 FDOD 度量的定义、性质和应用。其次，分析 FDOD 度量中的 B_j 在观测样本异常程度衡量中的应用，以及对多维系统强相关问题的解决。接着，提出将 FDOD 度量与田口方法结合，用于多维综合评价系统优化与样本诊断/预测分析。最后，选用西班牙金融危机期间银行稳健性评价系统进行实证分析，验证本章所提方法的有效性。

7.1 FDOD 度量概述

7.1.1 FDOD 度量的引入

FDOD 度量是从信息熵延伸而来的概念，由方伟武教授于 1994 年提出，通过度量序列间的信息离散度，来对序列进行比对分析，被用于度量一组序列间的差异程度[144]。信息熵是信息论之父 Shannon 借鉴热力学中熵的概念提出的，其常被用来作为一个系统的信息含量的量化指标。信息熵越大，代表该系统信息含量越大，反之则越少。

定义序列 $P = (p_1, p_2, \cdots, p_k)$ 表示一个概率分布，且 Γ_k 为所有长度为 k 的离散概率分布集合，即：

$$\Gamma_k = \left\{ (p_1, \ p_2, \ \cdots, \ p_k)^T \ \big| \ \sum_{i=1}^{k} p_i = 1, \ p_i \geqslant 0 \right\} \quad k = 2, 3, \cdots \quad (7-1)$$

则一个随机变量 P 的信息熵定义为：

$$H(P) = -\sum_{i=1}^{k} p_i \cdot \log p_i, \quad P \in \Gamma_k \quad\quad (7-2)$$

式中，p_i 为随机变量取第 i 个值的概率。

如何衡量两个或更多分布中包含的信息差异呢？很显然，对这个问题的探索在理论和应用方面都很多有意义。Kullback（1997）[145] 提出了 Kullback - Leiber 熵和交叉熵，用于衡量两个随机变量 P 和 Q 之间的信息差异，分别如公式（7-3）和公式（7-4）所示。

$$H(P,Q) = \sum_{i=1}^{k} p_i \cdot \log \frac{p_i}{q_i}, \quad P,Q \in \Gamma_k \quad\quad (7-3)$$

$$H(P,Q) = \sum_{i=1}^{k} p_i \cdot \log \frac{p_i}{q_i} + \sum_{i=1}^{k} q_i \cdot \log \frac{q_i}{p_i}, \quad P,Q \in \Gamma_k \quad\quad (7-4)$$

式中，p_i 和 q_i 分别为随机变量 P 和 Q 取第 i 个值的概率。

对于有三个随机变量 P、Q 和 R 的情况，学者 Nath（1968）[146]、Renyi（1965）[147]、Kannappan 和 Rathie（1972）[148] 分别提出了衡量三者信息差异的熵，如公式（7-5）、（7-6）和（7-7）所示。

$$H(P,Q,R) = \sum_{i=1}^{k} p_i \cdot \log \frac{q_i}{r_i} \quad P,Q,R \in \Gamma_k \quad\quad (7-5)$$

$$H(P,Q,R) = \frac{1}{\alpha - 1} \cdot \log \sum_{i=1}^{k} p_i \cdot q_i^{\alpha-1} \cdot r_i^{1-\alpha} \quad P,Q,R \in \Gamma_k \quad (7-6)$$

$$H(P,Q,R) = (2^{\alpha-1} - 1)^{-1} \cdot \left(\sum_{i=1}^{k} p_i \cdot q_i^{\alpha-1} \cdot r_i^{1-\alpha} - 1 \right) \quad P,Q,R \in \Gamma_k$$

$$(7-7)$$

尽管上述度量的名称有所不同，如不准确度、误差和离散度等，但是它们都具有一个重要特性，即当 $P=Q=R$ 时，$H(P,Q,R)=0$。上述三种信息差异的度量均很有效，但它们也存在一些缺陷。例如，它们不能用于奇异情况，没有对称形式的递归性，其值可能是无限大，不能度量三个以上随机变量的信息差异等。为了解决上述缺陷，方伟武（1994）[144] 教授提出了 FDOD 度量。

7.1.2 FDOD 度量的意义

对于给定的 n 个随机变量 $U_j(j=1, 2, \cdots, n)$，则 FDOD 度量的定义为：

$$B(U_1, U_2, \cdots, U_n) = \sum_{j=1}^{n} \sum_{i=1}^{k} u_{ij} \cdot \log \frac{u_{ij}}{\sum_{j=1}^{n} u_{ij}/n} \quad U_j \in \Gamma_k \quad (7-8)$$

$$B_j(U_1, U_2, \cdots, U_n) = \sum_{i=1}^{k} u_{ij} \cdot \log \frac{u_{ij}}{\sum_{j=1}^{n} u_{ij}/n} \quad U_j \in \Gamma_k \quad (7-9)$$

$$B_i(U_1, U_2, \cdots, U_n) = \sum_{j=1}^{n} u_{ij} \cdot \log \frac{u_{ij}}{\sum_{j=1}^{n} u_{ij}/n} \quad U_j \in \Gamma_k \quad (7-10)$$

式中，u_{ij} 为第 j 个分布/信息源的第 i 项值。公式(7-8)用于衡量 n 个随机分布的总体信息离散度，公式(7-9)用于衡量信息源 U_j 相对于其余信息源的信息离散度，公式(7-10)用于衡量各信息源在第 i 项指标上的离散程度。基于连续性假设的考虑，假定 $0 \cdot \log 0 = 0$，$0 \cdot \log(0/0) = 0$。

FDOD 度量在数学上具有许多重要特性，如非负性、对称性、连续性、单调递增性、有界性、齐次性、距离性等[149,150]，可用于研究多维系统的权重问题、多信息序列的相似性问题等[144]，且已被广泛应用于 DNA 和蛋白质分析[151]、证据推理、调查表分析[152]、银行经营状况评价[153]等方面。

7.1.3 FDOD 度量在样本异常程度衡量中的应用

如前所述，在 FDOD 度量中，B_j 用于衡量信息源 U_j 相对于其余信息源的信息离散度：

$$B_j(U_1, U_2, \cdots, U_n) = \sum_{i=1}^{k} u_{ij} \cdot \log \frac{u_{ij}}{\sum_{j=1}^{n} u_{ij}/n} \quad U_j \in \Gamma_k$$

式中，U_j 为第 j 个信息源，每一个信息源均包含 k 项值；u_{ij} 为第 j 个信息源的第 i 项值，且应满足 $u_{ij} \geqslant 0$，$\sum_{i=1}^{k} u_{ij} = 1$。

根据 FDOD 度量的定义，如果将多维观测样本(每一个样本包含 k 个变量/指标)当作一个信息源，则可利用 B_j 计算第 j 个样本相对于其余样本的离散度。而且，如果将正常参考样本构成一个组，则观测样本相对于正常参考组的离散度可通过 B_j 计算。B_j 值越大，说明观测样本偏离正常参考组越远，观测样本的异常程度越高。如果需要判断观测样本属于多个组中的哪一组,则可通过计算多个 B_j 并按最近邻原则(The Neighbouring Discipline)对观测样本归类。在 B_j 的计算中,由于不涉及变量间相关矩阵 C,更不涉及相关矩阵的逆矩阵 C^{-1},所以即使存在强相关问题也不会对 B_j 的计算产生影响。

7.2　FDOD 度量与田口方法的结合

在马氏田口方法中,马氏距离函数用于衡量观测样本的异常程度,马氏距离越大,观测样本的异常程度越高;田口方法则主要用于优化多维综合评价系统,即通过选择有效变量降低系统维数。根据上述对 FDOD 度量的分析可知,FDOD 度量可以代替马氏距离函数来衡量多维观测样本的异常程度,且其计算不会受强相关问题的影响。因此,接下来研究如何将 FDOD 度量与田口方法结合,用于多维综合评价系统优化与样本诊断/预测分析。

7.2.1　FDOD 度量与田口方法结合的思路

FDOD 度量用于衡量多维观测样本的异常程度,类似于工程质量,所以可以将其与田口方法的基本原则相结合,用于多维综合评价系统优化与样本诊断/预测分析。在多维综合评价系统优化中,主要用到田口方法的正交表和信噪比。

1. 正交表

类似于传统马氏田口方法,根据多维综合评价系统的变量个数 k 选择合适的二水平正交表,并依次将变量分配到正交表的不同列。其中,"1"表示选择该变量,"2"表示不选择该变量,则正交表每一行中水平为"1"的变量将构成一个多维系统。针对每一行对应的多维系统,可根据公式(7-9)计算异常样本相对于正常参考组的信息离散度 B_j。

2. 信噪比

在马氏田口方法中,基于异常样本的马氏距离计算正交表每一行的信噪比。同理,在引入 FDOD 度量后,可以基于异常样本相对于正常参考组的信息离散度 B_j 计算正交表每一行的信噪比。根据系统真实水平的可知性和马氏空间外异常样本与正常样本的混合性,可以选择越大越好型、望目型或动态型信噪比。一般情况下,异常样本的真实水平不可知,因此可选用越大越好型信噪比。越大越好型信噪比的计算如公式(7-11)所示。

$$\eta_q = -10 \log_{10} \left[\frac{1}{t} \sum_{j=1}^{t} \left(\frac{1}{D_j^2} \right) \right] \qquad (7-11)$$

式中，η_q 为正交表第 q 行的信噪比；t 为异常样本的个数；D_j^2 为第 j 个异常样本的马氏距离。根据公式(7-11)，可得基于 FDOD 度量的越大越好型信噪比为：

$$\eta_q = -10 \log_{10} \left[\frac{1}{t} \sum_{j=1}^{t} \left(\frac{1}{B_j} \right) \right] \qquad (7-12)$$

式中，η_q 为正交表第 q 行的信噪比；t 为异常样本的个数；B_j 为第 j 个异常样本相对于正常参考组的信息离散度。η_q 越大，说明多维系统检出异常样本的效果越好。因此，可以通过比较每一个变量各个水平信噪比的均值来选择有效变量，即基于信噪比 η_q 计算各变量的 $\overline{\eta}_1$ 和 $\overline{\eta}_2$，进而根据 $\overline{\eta}_1 - \overline{\eta}_2$ 的符号选择有效变量，实现多维综合评价系统的优化。

7.2.2 FDOD 度量与田口方法结合的具体步骤

基于 FDOD 度量与田口方法结合的多维综合评价系统优化与样本诊断/预测分析，可按如下步骤进行。

1. 确定变量，用以定义多维综合评价系统

由专业人员确定用于定义多维系统测量表的变量。例如，在医学诊断中，由医生来确定医疗诊断系统的变量。

2. 收集正常参考样本和异常样本的数据，并对其进行规范化和归一化处理

首先，由专业人员界定样本属于正常还是异常。界定完之后，收集正常参考样本和异常样本对应的各个变量数据。在收集样本数据时，注意确保样本的足够数量。接着，由于 FDOD 度量是一个综合评价指标，因此在计算之前应先对各变量进行规范化处理，以使各变量具有相同的量纲。其次，按照 FDOD 度量计算中对样本数据的要求，对规范化后的每一个样本数据进行归一化处理，以满足 $\sum_{i=1}^{k} u_{ij} = 1$。

3. 根据历史资料将样本分为正常和异常 2 个类别或多个类别

如果仅仅想判断样本属于正常还是异常，则只需将样本分为两大类。如果想判断样本属于多个类别中的哪一类，则需要将样本分为多个类别。

4. 计算所选取样本与每类样本的信息离散量 B_j，并按最近邻原则加以分类

在计算第 j 个样本相对于某一组的信息离散度 B_j 时，$\sum_{j=1}^{n} u_{ij}/n$ 的计算

包含了第 j 个样本,这将影响样本诊断的准确度。为了避免这种情况的发生,应采用 Jackknife 检验方式[154]计算信息离散度 B_j,即计算时不包含待分类的目标样本。计算完待分类的目标样本与每类样本的信息离散度 B_j 后,按最近邻原则对其加以分类。

5. 检验初始建立的多维综合评价系统的有效性

对所有样本分类之后,统计正确分类和错误分类的样本数量,以计算现有多维综合评价系统的分类准确率。如果计算出来的分类准确率比较高,则表明现有多维综合评价系统是有效的;否则,需要重新选择变量。

6. 利用正交表和信噪比选择有效变量,优化多维综合评价系统

为了缩短诊断/预测时间,提高诊断/预测精度,需要对多维综合评价系统进行优化。首先,选择合适的二水平正交表,并依次将变量分配在正交表的不同列。接着,计算异常样本相对于正常参考组的信息离散度 B_j。 其次,利用公式 (7-12) 计算正交表每一行的信噪比 η_q;最后,计算各变量的 $\bar{\eta}_1$ 和 $\bar{\eta}_2$,进而根据 $\bar{\eta}_1 - \bar{\eta}_2$ 的符号选择有效变量。选择有效变量之后,基于优化后的多维综合评价系统重新进行上文中的步骤 4,并统计分类准确率,验证优化后的多维综合评价系统是否提高了分类准确率。

7. 利用优化后的多维综合评价系统诊断/预测观测样本的异常程度

如果优化后的多维综合评价系统提高了样本分类准确率,则采用该系统对观测样本进行诊断/预测分析。如果观测样本的信息离散度 B_j 值很小,则说明观测样本比较正常,可以适当拉长诊断的时间间隔或者预测较长时间以后的状况;反之,应对异常样本进行潜在异常原因分析,并制定相应的解决方案。

7.2.3　FDOD 度量与田口方法结合的优点分析

将 FDOD 度量与田口方法结合进行多维综合评价系统优化与样本诊断/预测分析,具有如下优点:

1. 可以处理多变量、多样本问题

FDOD 度量的提出主要用于解决多信息源的信息离散性度量问题。U_j 为第 j 个信息源,每一个信息源均包含 k 项值。多维观测样本均包含 k 个变量,每一个样本相当于一个信息源。因此,利用 FDOD 度量衡量多维观测样本的异常程度,可以处理多变量、多样本问题。

2. 对数据要求少

在 FDOD 度量计算中，u_{ij} 为第 i 个样本的第 j 项变量值，只需满足 $u_{ij} \geq 0$，且 $\sum_{i=1}^{k} u_{ij} = 1$，除此之外对样本数据没有其他要求。

3. 计算简便，不需要设置任何参数

FDOD 度量的计算公式中，只涉及样本数据 u_{ij} 和样本量 n，无须提前设置任何参数。

4. 不受变量间强相关问题的影响

由于 FDOD 度量计算公式中不涉及相关矩阵 C，更没有涉及相关矩阵的逆矩阵 C^{-1}，因此即使存在强相关问题也不会对 FDOD 度量的计算产生影响。

5. 可以有效实现多维综合评价系统的优化

FDOD 度量与田口方法相结合，基于异常样本的离散度 B_j 计算正交表每一行的信噪比，据此可选择出有效变量，实现多维综合评价系统的优化。

7.3 实证研究

7.3.1 数据来源

西班牙在 1977—1985 年间发生了一次较为严重的金融危机，导致多家银行受到不同程度的影响。现有用于评价西班牙银行稳健性的变量如表 7-1 所示[155]，分析用的数据集包含 66 家西班牙银行——37 家经营良好银行和 29 家破产银行。本节将基于该数据集，利用 FDOD 度量与田口方法结合的方法，对此多维综合评价系统进行优化，提高其诊断/预测的准确性。

表 7-1　银行稳健性评价系统的变量(优化前)

序号	变量名称	变量符号	序号	变量名称	变量符号
1	流动资产/总资产	x_1	6	每股净收益	x_6
2	现金资产/总资产	x_2	7	净收入/贷款总额	x_7
3	流动资产/贷款总额	x_3	8	销售成本/销售总额	x_8
4	存款准备金率	x_4	9	现金流/贷款总额	x_9
5	净收入/总资产	x_5			

7.3.2　数据分析与结果

首先,利用 37 家经营良好银行的数据计算相关矩阵 $C_{9\times9}$,如表 7-2 所示。其次,计算相关矩阵的行列式 $|C_{9\times9}|=3.026\times10^{-10}$,表明现有的银行稳健性评价系统存在强相关问题,但强相关问题并不严重。因此,可以使用马氏田口逆矩阵法或 M-P 广义逆矩阵法对其优化,此处不再赘述。

表 7-2　相关矩阵 $C_{9\times9}$

	x_1	x_2	x_3	x_4	x_5	x_6	x_7	x_8	x_9
x_1	1	0.703	0.989	0.333	0.295	−0.028	0.315	−0.088	0.413
x_2	0.703	1	0.617	−0.285	−0.099	−0.044	−0.128	0.193	0.100
x_3	0.989	0.617	1	0.459	0.373	−0.059	0.404	−0.153	0.466
x_4	0.333	−0.285	0.459	1	0.642	−0.069	0.709	−0.513	0.550
x_5	0.295	−0.099	0.373	0.642	1	0.581	0.995	−0.858	0.869
x_6	−0.028	−0.044	−0.059	−0.069	0.581	1	0.513	−0.600	0.517
x_7	0.315	−0.128	0.404	0.709	0.995	0.513	1	−0.841	0.861
x_8	−0.088	0.193	−0.153	−0.513	−0.858	−0.600	−0.841	1	−0.897
x_9	0.413	0.100	0.466	0.550	0.869	0.517	0.860	−0.897	1

接下来将选用 FDOD 度量与田口方法结合的方法对该系统进行优化与样本诊断/预测分析。

1. 根据 FDOD 度量的要求对所有数据进行规范化和归一化处理

数据规范化的处理原则是:对于效益(越大越好)型变量,根据公式(7-13)对数据进行规范化处理;对于成本(越小越好)型变量,根据公式(7-14)对数据进行规范化处理。

$$x'_{ij} = \frac{x_{ij} - \min\limits_{1\leqslant j\leqslant 66} x_{ij}}{\max\limits_{1\leqslant j\leqslant 66} x_{ij} - \min\limits_{1\leqslant j\leqslant 66} x_{ij}} \qquad (7-13)$$

$$x'_{ij} = \frac{\max\limits_{1\leqslant j\leqslant 66} x_{ij} - x_{ij}}{\max\limits_{1\leqslant j\leqslant 66} x_{ij} - \min\limits_{1\leqslant j\leqslant 66} x_{ij}} \qquad (7-14)$$

其中，x_{ij} 为第 j 家银行的第 i 项变量值（$i=1,2,\cdots,9；j=1,2,\cdots,66$）。对规范化处理后的数据采用公式(7-15)进行归一化处理。

$$u_{ij} = \frac{x'_{ij}}{\sum_{i=1}^{9} x'_{ij}} \qquad (7-15)$$

2. 将银行归类，判断初始建立的银行稳健性评价系统的有效性

首先，根据历史资料将 66 家银行分为经营良好银行（37 家）和破产银行（29 家）两大类。其次，利用 Jackknife 方式，根据公式(7-9)计算每一家银行与每类银行的信息离散量 B_j，并按最近邻原则将其归类，结果如表 7-3 所示。

表 7-3　66 家银行的分类结果（优化前）

真实状态	判定状态	数量/家	统计数量/家	统计百分比/%
经营良好银行	经营良好银行	34	53	80.3
破产银行	破产银行	19		
经营良好银行	破产银行	3	13	19.7
破产银行	经营良好银行	10		

由表 7-3 可知，初始建立的银行稳健性评价系统分类准确率可达到 80.3%，能较有效地用于银行稳健性评价与分析。

3. 利用正交表和信噪比对现有的银行稳健性评价系统进行优化

由于现有的诊断系统有 9 个变量，故采用 $L_{12}(2^{11})$ 正交表，如表 7-4 所示。首先，针对正交表每一行对应的多维系统，根据公式(7-9)计算每一家破产银行相对于经营良好银行的信息离散度 B_j。其次，根据公式(7-12)计算正交表每一行的信噪比，如表 7-4 最后一列所示。接着，根据表 7-4 的信噪比值计算各变量不同水平时的平均检出效果 $\bar{\eta}_1$ 和 $\bar{\eta}_2$，进而计算各变量信噪比增加值 $\bar{\eta}_1 - \bar{\eta}_2$，如表 7-5 所示。最后，根据变量信噪比增加值的符号选择有效指标，选择的有效变量为 x_2,x_4,x_6,x_9，如表 7-6 所示。

表 7-4　正交表 $L_{12}(2^{11})$ 及变量安排

行	1	2	3	4	5	6	7	8	9	10	11	η_q
	x_1	x_2	x_3	x_4	x_5	x_6	x_7	x_8	x_9			
1	1	1	1	1	1	1	1	1	1	1	1	−15.632
2	1	1	1	1	1	2	2	2	2	2	2	−12.939
3	1	1	2	2	2	1	1	1	2	2	2	−18.381
4	1	2	1	2	2	1	2	2	1	1	2	−22.663
5	1	2	2	1	2	2	1	2	1	2	1	−14.236
6	1	2	2	2	1	2	2	1	2	1	1	−18.404
7	2	1	2	2	1	1	2	2	1	2	1	−19.653
8	2	1	2	1	2	2	2	1	1	1	2	−10.688
9	2	1	1	2	2	2	1	2	2	1	1	−18.082
10	2	2	2	1	1	1	1	2	2	1	2	−15.820
11	2	2	1	2	1	2	1	1	1	2	2	−20.190
12	2	2	1	1	2	1	2	1	2	2	1	−12.329

表 7-5　信噪比增加值

变量	$\bar{\eta}_1$	$\bar{\eta}_2$	$\bar{\eta}_1 - \bar{\eta}_2$
x_1	−131.69	−131.33	−0.36
x_2	−117.41	−145.61	**28.20**
x_3	−133.17	−129.85	−3.32
x_4	−129.72	−133.29	**3.57**
x_5	−139.46	−123.56	−15.90
x_6	−131.48	−131.54	**0.06**
x_7	−133.88	−129.14	−4.74
x_8	−134.74	−128.28	−6.46
x_9	−130.80	−132.22	**1.42**

表7-6　银行稳健性评价系统的变量(优化后)

序号	变 量 名 称	变量符号	序号	变 量 名 称	变量符号
1	现金资产/总资产	x_2	3	每股净收益	x_6
2	存款准备金率	x_4	4	现金流/贷款总额	x_9

4. 对优化后的银行稳健性评价系统的有效性进行检验

确定了有效变量 x_2,x_4,x_6,x_9,即建立了优化后的银行稳健性评价系统,接下来需要验证优化后的系统诊断/预测精度是否得到提高。针对优化后的银行稳健性评价系统,利用 Jackknife 方式,根据公式(7-9)重新计算每一家银行与每类银行的信息离散量 B_j,并按最近邻原则将其归类,结果如表7-7所示。

表7-7　66家银行的分类结果(优化后)

真 实 状 态	判 定 状 态	数量/家	统计数量/家	统计百分比/%
经营良好银行	经营良好银行	35	57	86.4
破产银行	破产银行	22		
经营良好银行	破产银行	2	9	13.6
破产银行	经营良好银行	7		

由表7-7可知,优化后的银行稳健性评价系统分类准确率为 86.4%,大于优化前的 80.3%,表明系统的优化不仅降低了系统的维度,而且提高了系统的分类准确率。

7.4　本章小结

本章重点研究了多维综合评价系统优化强相关问题。

首先对信息论中的信息熵进行介绍,重点介绍了 FDOD 度量,分析了 FDOD 度量在数学上的重要特性,以及可用于研究解决的问题和应用领域。

其次,分析了 FDOD 度量中的 B_j 在样本异常程度衡量中的应用,以及对多维综合评价系统强相关问题的解决。

　　接着,分析了 FDOD 度量与田口方法结合的思路。类似于传统马氏田口方法,仍然根据多维综合评价系统的变量个数 k 选择合适的二水平正交表,并依次将变量分配到正交表的不同列。针对正交表每一行对应的多维系统,计算异常样本相对于正常参考组的信息离散度 B_j,进而计算正交表每一行的信噪比。一般情况下,由于异常样本的真实水平不可知,故选择了越大越好型信噪比。

　　再次,给出了基于 FDOD 度量与田口方法结合的多维综合评价系统优化与样本诊断/预测分析的具体实施步骤,并分析了新方法的五大优点:可以处理多变量、多样本问题;对数据要求少;计算不需要提前设置任何参数;不受变量间强相关问题的影响;可以有效实现多维系统的优化。

　　最后,选用西班牙金融危机期间银行稳健性评价系统进行实证分析,验证本章提出的方法的有效性。初始建立的银行稳健性评价系统包含 9 个变量,其分类准确率为 80.3%,而优化后的银行稳健性评价系统仅包含 4 个变量,其分类准确率提高到 86.4%。由此可见,银行稳健性评价系统的优化不仅降低了系统的维度,而且提高了系统的分类准确率。

第八章
基于改进 FDOD 度量的航空发动机健康状况评估

本章在第七章研究基础上,对传统 FDOD 度量进行改进,并将其应用于航空发动机健康状况评估。首先,对航空发动机健康状况评估的相关文献进行综述。其次,介绍航空发动机的性能指标和故障类型。再次,综合对比几类健康评估方法的优缺点,并根据航空发动机的数据特征选择发动机健康状况评估的方法——FDOD 度量。接着,分析传统 FDOD 度量的不足,指出 FDOD 度量改进的必要性,以及如何对 FDOD 度量进行改进——选用基于离差最大化的组合赋权法对指标赋权,计算赋权重 FDOD 度量。接着,提出一种基于改进 FDOD 度量的航空发动机健康状况综合评估方法,给出其基本步骤,并分析其优点。最后,利用 C‑MPASS 平台生成的数据进行仿真分析,验证本章提出的改进方法的有效性。

8.1 对航空发动机健康状况评估的背景

8.1.1 问题的提出

航空发动机是飞机中最重要的部件之一,也被称为飞机的"心脏",其内部结构高度复杂精密,长时间在高温高压、高负荷、高转速的苛刻条件下工作,任何功能故障都可能导致飞机事故,甚至导致灾难性后果。据中国民用航空局安全办公室发布的《中国民航安全信息统计报告》(2018 年 1—6 月)显示,仅 2018 年 1—6 月全行业发生事故征候就达到 229 起,其中由于机械原因导致的不安全事件占比达到 37.29%,而机械原因中发动机原因导致的不安全事件占比为 40%

左右。由此可见，发动机的健康状况对飞机的飞行安全有重要影响，对发动机健康状况进行准确评估，不仅能减少不安全事件的发生，增强飞行安全性，还可依此做出合理维修决策，提高经济性。

8.1.2　前人的探索

高扬和王向章(2016)[156]将熵权法引入灰靶技术，建立航空发动机状况评估模型，该研究在评估时仅考虑了各指标的客观权重。崔健国等(2014)[157]将层次分析法与熵权法结合，同时考虑了主、客观权重，建立了基于模糊灰色聚类的发动机健康状况评估模型，提高了评估的准确性。然而，熵权法在计算指标客观权重时，忽略了指标间的相关性信息。Wang 等(2010)[158]利用模糊层次分析法和模糊聚类分析法分别确定指标的主、客观权重，进而基于逼近理想解的排序法(Technique for Order Preference by Similarity to an Ideal Solution，TOPSIS)对发动机健康状况进行评估，提高了健康评估的分类准确性。Li 等(2013)[159]将航空发动机健康状况评估问题归为一个多准则决策问题，提出了一个两步评估模型。该模型首先利用模糊层次分析法确定多个评估标准的相对权重，进而考虑评估者的态度偏好，使用 TOPSIS 方法对发动机按健康状况进行排序。然而，TOPSIS 方法在插入新的样本计算时会产生逆序问题。

部分学者基于相似性度量评估航空发动机的健康状况。杨洲等(2013)[160]针对评估中的多工况、非线性和小子样问题，提出评估发动机健康状况的变精度粗集决策方法，其利用交叉信息熵确定指标的客观权重，根据专家经验和运行工况确定指标的主观权重，最终形成基于综合权重的加权相似性度量方法。Sun 等(2015)[161]通过分析发动机无故障状态和当前状态的状态信息，提出利用相似性指数评估单个航空发动机的运行可靠性。张春晓等(2017)[162]利用 HOLT 双参数指数平滑方法，建立基于机载 QAR 数据的对称发动机性能参数的差异监控模型，可有效识别发动机运行状态，预测发动机故障征兆。张研等(2019)[163]通过度量待测样本数据与历史数据的相似性，判断发动机的健康状况，并预测发动机的剩余使用寿命。该类方法判断准确性与历史数据的数量相关，且当出现新的故障模式时，判断准确性将会大幅下降。

航空发动机属于典型的复杂系统，Lim 等(2017)[164]提出使用切换卡尔曼滤波器确定系统经历的各种退化阶段，进而对每个阶段使用合适的卡尔曼滤波器进行剩余寿命预测，实现了对航空发动机剩余寿命和退化阶段的连续和离散预测。彭宅铭等(2020)[165]基于加权马氏距离构建多指标融合成的健康指数模型，对发动机健康状况进行评估。然而，强相关问题将使马氏距离难以计算或很不准确。Wang 等(2021)[166]针对未标记、不平衡状态监测数据和预测过程不确定性带来的问题，提出航空发动机剩余使用寿命的多元健康评估模型和多元多步提前长期退化预测模型，这种数据驱动的退化预测模型高度依赖于退化数据的数量和质量。Ma 等(2021)[167]提出一种数据驱动的航空发动机健康状况评估框架，其基于密度距离聚类生成伪标签，进而基于模糊贝叶斯风险模型分配权重和选择特征。该评估方法扩展了健康状况评估的维度和视角，更全面衡量发动机的健康状况。另外，也有学者们采用机器学习类方法对发动机健康状况进行评估，如支持向量机[168,169]、隐马尔可夫模型[170]等，这类方法前期需要大量数据作为训练集，且机器学习方法易出现过拟合问题，其推理过程和最终结果较难解释。

方舜岚(2004)[153]提出使用 FDOD 度量评估商业银行的稳健性，并与线性判别法和单层神经网络法的分析结果进行对比，结果显示 FDOD 度量的评估效果更好。笔者已在第七章提出用 FDOD 度量代替马氏距离函数作为综合评价指标，并将其与田口方法结合进行多维综合评价系统优化与样本诊断/预测分析，彻底解决了多维系统优化中的强相关问题[171]。基于上述分析，本章接下来将分析航空发动机的性能指标和故障类型，以及多种综合评估方法，据此为航空发动机健康状况评估选择合适的方法。

8.2　航空发动机性能指标与故障分类

8.2.1　航空发动机状况及性能指标

1. 状况

状况是指发动机的运行状况，一般可分为正常运行状况和完全故障状况。正常运行状况是指航空发动机的各个子系统的组件功能正常，并且性能均处于正常范围之内，此状况下的发动机的组件一般无缺陷或者存在较小的缺陷但处于可接受范围内，能够正常完成规定任务。而完全故障状况是指发动机的某些组件的功能不正常，且性能低于可接受的范围，发动机无法完成规定任务。如果发动机不维护并一直使用下去,随着时间的推移,发动机必然会从正常运行状态逐渐发展为完全故障状况。

2. 性能指标

性能指标也称为状况参数,在理论研究中称为性能指标,在装备或者实施技术中称为状况参数,其定义是指能够表征航空发动机健康状况或者对发动机健康状况评估有贡献的可测指标。这些指标包括发动机工作性能指标和环境指标,常见的工作性能指标包括高低压转子转速、风扇进口压力、发动机排气温度、燃油流量、振动值等;常见的环境指标包括飞行高度、马赫数、油门杆解算角度等。各项指标的重要性不同,因此在发动机健康状况评估中,选取合适的性能指标十分重要,能够有效提高发动机健康状况评估的准确性。

8.2.2 航空发动机故障分类

航空发动机故障主要有三类:传感器故障、性能衰退和组件故障。

1. 传感器故障

航空发动机内部安装着各种类型的传感器,其功能是收集发动机性能指标数据,用以反映发动机的运行状态。发动机健康管理系统是在传感器收集的数据基础上建立的,因此传感器一旦发生故障,直接的影响是发动机健康管理系统收集到的数据失真,甚至于收集不到数据,造成发动机健康管理系统的计算错误,可能会对飞行的安全造成严重影响。传感器的工作环境十分恶劣,发生故障的机会较多,因此在实际操作中,有必要对运用故障检测算法对传感器进行故障检测,找出故障的传感器,进行维修或者更换,保障所获取指标数据的准确性。

2. 性能衰退

通常情况下,航空发动机在长期工作过程中,由于长时间处在高温高负荷的恶劣条件下,组件上常会出现疲劳、磨损、空气污染物积垢和材料腐蚀和侵蚀等现象,进而引起组件、子系统和发动机系统的性能缓慢衰退,这种缓慢变化难以发现,而且在性能衰退过程中,性能指标数据会逐渐发生变化。性能衰退期间,发动机能够正常运行,直至衰退到某个临界点时才会导致故障的发生。

3. 组件故障

在航空发动机服役过程中,某些组件受到不可逆的损伤,导致其性能逐渐衰退,当衰退程度达到某个临界点时,该组件完全故障,并且故障还会逐步传导至其他组件,进而导致发动机的完全故障。在此过程中,故障组件的效率以及流通能力会发生变化,进而导致到传感器测得的性能指标数值发生较大的变化,在变化过程中包含有评估发动机健康状况所需要的各类信息。因此,从性能指标数据出发可以推导出发动机的健康状况,进一步地反向推导出故障的组件,实现故障溯源。

综上所述,可以发现组件故障对发动机健康状况的影响最大,组件的故障会影响发动机的正常工作,而组件的故障从物理层面无法直观看出。因此,需从与组件有关的性能指标的数据出发,对发动机的健康状况进行评估。

8.3 航空发动机健康状况评估方法的选择——FDOD 度量

对航空发动机进行健康状况评估的方法可以分为四大类:基于评估模型的方法、基于统计分析的方法、基于人工智能的方法和基于 FDOD 度量的方法。

8.3.1 基于评估模型的方法

基于评估模型的方法主要分为基于综合评估的方法和基于健康指数的方法。

1. 基于综合评估的方法

该类方法是选择某个综合评估方法,从发动机众多性能指标中选取若干个,并且考虑对指标赋权,对发动机整体健康状况进行评估。应用该类方法的重点在于:由于各类评估模型本身存在一定的不足,如 TOPSIS 方法可能存在中垂线矛盾问题,故需为实际问题选择合适的评估模型;考虑指标相对重要性对评估结果的影响[172],选择合适的赋权方法为指标赋权,以此提高评估结果的准确性。在航空发动机健康状况评估中,灰色关联分析模型应用较多,其利用序列关联度进行状况分类,同时还考虑了发动机各项指标的权重问题。这类方法能够体现多项指标对评估结果的影响,结果也较为准确,而航空发动机是具有多项指标的复杂评价对象,因此本章将选择此类方法进行发动机的健康状况评估。

2. 基于健康指数的方法

基于健康指数(Health Index, HI)的方法是用函数方法将传感器收集到的多维特征信息全部映射到[0, 1]这个区间内。若取值为 0,则代表发动机完全故障;若取值为 1,则代表发动机完全正常[173]。该类方法综合考虑了多个性能指标,能够反映发动机多个维度的信息,克服了单个性能指标评估时的缺陷,但此类方法的不足在于识别出故障后的原因分析阶段,难以定位到具体的性能指标。在应用上,基于健康指数的方法往往用于对发动机进行性能排序,在健康状况判别上应用较少。因此,本文不选择此类方法进行发动机的健康状况评估。

8.3.2　基于统计分析的方法

基于统计分析的方法主要是利用统计学理论对传感器收集的数据建立一个多元统计分析模型,通过该模型来对发动机健康状况进行评估。通过统计分析模型计算得到的特征变量能够保留原始数据的特征信息,除去了冗余信息,在处理高维数据时十分有效,并且基于统计分析的方法能够消去变量相关性的影响。目前,常用的多元统计方法有主元分析法(PCA)、核主元分析法(Kernel Principal Component Analysis,KPCA)和独立主元分析法(ICA)等,其中最具代表性的是 PCA。

PCA 由 Pearson 在 1901 年提出,其目的是利用原始变量空间中变量的线性组合的正交集合来解释协方差结构。PCA 应用于发动机健康状况评估时,主要有两种方式:第一种方式与构建 HI 类似,而第二种方式则是通过构造统计量来进行。后者将正常训练数据投影到两个低维子空间,构造出 T^2 和 SPE 统计量,并求出正常数据统计量的控制限,然后导入待测数据计算统计量的值。如果统计量的值超过控制限,则判定过程发生故障。其中,通过这两个统计量进行故障评估时,会存在以下四种结果:

第一种结果,T^2 和 SPE 均超过控制限;

第二种结果,T^2 在控制限内,SPE 超过控制限;

第三种结果,T^2 超过控制限,SPE 在控制限内;

第四种结果,T^2 和 SPE 均在控制限内。

第一种和第三种结果表示系统发生故障;第二种结果表示可能发生变化,存在发生故障的可能;第四种结果表示无故障发生[174]。

利用 PCA 对发动机健康状况评估可分两步:第一步,离线建模,采集发动机正常运行的样本数据,用该数据构建模型;第二步,在线评估,发动机实时运行时,输入待测的样本数据,用模型构造的统计量进行健康状况评估,如图 8-1 所示。

除了 PCA 以外,KPCA 和 ICA 也均是依靠分析过程数据构造统计量,进而使用统计量进行发动机健康评估的。应用此类方法时,对数据的分布、动态性和

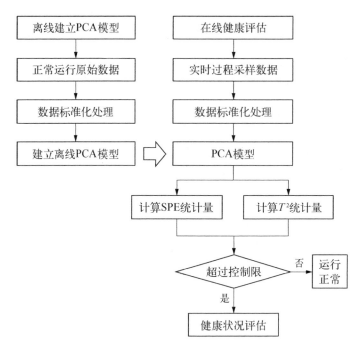

图 8－1 基于 PCA 的健康评估方法

相关性等特征的要求较高,而航空发动机实际运行时产生的数据特征较复杂,不符合其数据要求,因而此类方法的应用效果并不理想。

8.3.3 基于人工智能的方法

基于人工智能的方法是利用大量训练数据建立数据与故障之间的映射,然后使用训练好的模型对待测数据进行健康状况的判断。此类方法主要包括基于神经网络(NN)的方法和基于支持向量机(SVM)的方法。

1. 基于 NN 的方法

NN 是对人类大脑神经元所构成的网络进行抽象处理,建立一种简单的网状模型,按照不同的连接方式可以组成不同的网络,从而进行信息的处理。相较于传统的数学逻辑推导,NN 具有更强的自学习能力和处理大量数据的能力。然而,该方法无法解释推理过程与机理,也就无法考证其评价结论的可靠性;同时,该方法对数据缺失的系统无法得出可靠的评价结果,还需要进一步的完善。

2. 基于 SVM 的方法

SVM 是通过将低维度样本集映射到高维度的特征空间当中,在特征空间中构造出最优分类超平面,以此在输入量和输出量之间建立一种非线性关系,在此基础上,就可以将其应用于模式分类、健康评估等问题。与 NN 不同的是,SVM 具备完善的理论基础,在高维小样本、非线性问题中的性能更加突出,因此在多个领域得到应用。其流程是通过将包含输入输出数据的训练集输入 SVM 进行训练,将待测数据输入到模型中,得到新的输出数据。通过这种模式,SVM 可以对样本进行分类,判断样本属于哪一类。SVM 可以处理回归问题和分类问题。在航空发动机健康评估领域主要使用支持向量机的分类来判断发动机所处状况。基于 SVM 的方法在小样本时分类性能优异,但在样本量和样本的分类增加时,会大幅增加训练时长,模型分类精度也会下降。

8.3.4　基于 FDOD 度量的方法

此节内容已在本书 7.2 节做了详细介绍与分析,此处不再赘述。

8.3.5　对比分析及方法选择

1. 对比分析

综上所述,四大类健康状况评估方法各有优缺点,总结如表 8-1 所示。

表 8-1　健康评估各方法对比分析

方　法	适 用 范 围	优　点	缺　点
基于评估模型的方法	适用于小样本、线性数据、低维数据	综合多指标进行评价;考虑了指标权重问题	评价方法本身存在缺陷;难以确定故障根源
基于统计分析的方法	适用于正态分布数据、静态数据	计算量小;降低了数据维度,减少了判断难度	忽略非线性信息;根据历史数据建立模型,实时性较差
基于人工智能的方法	适用于高维度、大样本、非线性数据	具备并行处理、自学习能力,数据处理能力强	容易过拟合,内在计算逻辑无法解释,对数据要求大
基于 FDOD 度量的方法	对数据要求低,适用于非线性、非正态分布数据	能处理相关性强的数据,能度量数据离散性信息	未考虑指标权重问题;未度量指标的相关性信息

2. 方法选择

航空发动机从正常运行状况转为完全故障状况过程中，可测指标的数据中包含大量对发动机健康状况评估有贡献的信息。另外，发动机的运行机理十分复杂，组件之间紧密联系，因此其指标数据往往表现出很强的相关性和非线性性，这给发动机健康状况评估带来阻碍。因此，需要选择合适的方法，在避免数据特征影响的同时，合理提取数据中的信息，达到准确评估发动机健康状况的目的。

如上所述，对发动机健康状况进行评估的方法有很多。基于统计分析的方法是根据指标间的线性关系来构建模型的，不太适用于非线性特征的航空发动机数据。基于人工智能的方法虽然运算能力强，能进行非线性拟合，但前期训练时间太长，并且不利于后期故障原因的解释，在新故障模式出现时还需要重新训练模型。另外，传统的基于评估模型的方法，要么是综合评价方法本身存在一些不足，要么是赋权时没有同时考虑发动机指标数据中的相关性信息与离散信息，因此评估结果并不十分准确。

FDOD 度量是一种基于信息理论的评估模型方法，不受数据特征的影响，能够度量指标数据的离散性信息。利用 FDOD 度量进行综合评价时，需要的数据量小，评价结果更优，且有利于后期样本异常原因的解释。因此，本章拟采用第一类基于评估模型的方法，使用信息理论中的 FDOD 度量作为评估模型，对航空发动机健康状况进行综合评估。同时，为了提高评估结果的准确性，拟对传统 FDOD 度量进行改进。

8.4　传统 FDOD 度量的改进

8.4.1　FDOD 度量改进的必要性

如前所述，本文将选择传统 FDOD 度量中的 B_j 进行航空发动机健康状况评估，其计算如公式（8-1）所示：

$$B_j(U_1, U_2, \cdots, U_n) = \sum_{i=1}^{k} u_{ij} \log \frac{u_{ij}}{\sum_{j=1}^{n} u_{ij}/n} \qquad U_j \in \Gamma_k \qquad (8-1)$$

根据 FDOD 度量的定义，如果将多维综合评价系统的样本（每一个样本包

含 k 项指标)当作一个信息源,用 u_{ij} 代表第 j 个样本的第 i 项指标值,则可根据公式(8-1)计算第 j 个样本相对于其余样本的离散度 B_j。 如果将正常参考样本构成一个组,则可根据公式(8-1)计算观测样本相对于正常参考组的离散度。B_j 值越大,说明观测样本偏离正常参考组越远,观测样本的异常程度越高。

然而,分析公式(8-1)可知,B_j 计算时仅考虑了各指标数据的离散程度,未考虑指标间的相关性和各指标的相对重要程度,降低了样本综合评价的准确性。因此,有必要对 FDOD 度量中的 B_j 进行改进,全面考虑各指标的贡献,以提高样本综合评价的准确性。

8.4.2　改进的 FDOD 度量

基于上一节分析,计算待测样本相对于正常参考组的离散度 B_j 时应考虑各指标的权重。由公式(8-1)可知,计算 B_j 时对 u_{ij} 共进行了两次求和。第一次是对第 i 项指标的 n 个样本值求和,即 $\sum_{j=1}^{n} u_{ij}$,该求和只涉及第 i 项指标;第二次是对第 j 个样本 k 项指标的离散度求和,其中 $u_{ij} \cdot \log \dfrac{u_{ij}}{\sum_{j=1}^{n} u_{ij}/n}$ 表示第 j 个样本相对于其他样本在第 i 项指标上的离散度,对 k 项指标的离散度求和将涉及所有指标。因此,为了提高样本综合评价的准确性,B_j 计算中应在第二次求和时考虑各指标的权重。

基于上述分析,加权后的样本信息离散度 B_j^* 如公式(8-2)所示。

$$B_j^* (U_1, U_2, \cdots, U_n) = \sum_{i=1}^{k} \left[u_{ij} \cdot \log \frac{u_{ij}}{\sum_{j=1}^{n} u_{ij}/n} \right] \cdot w_i \qquad U_j \in \Gamma_k$$

$$(8-2)$$

式中,w_i 为第 i 项指标的权重,满足 $0 \leqslant w_i \leqslant 1$,且 $\sum_{i=1}^{k} w_i = 1$。

8.4.3　赋权方法的选择

如本书 3.3 节所讲,指标赋权方法主要包括主观赋权法、客观赋权法和组合赋权法。通过对公式(8-1)分析可知,B_j 的计算已考虑了各指标数据的离散程度,但未涉及指标间的相关性信息,而此类信息客观存在,因此需要进行客观赋权;同时,各指标对样本健康状况的贡献不同,因此还要进行主观赋权。综上,本章将选用组合赋权法对 FDOD 度量进行改进。

目前,组合赋权法主要分为两大类:乘法合成法和线性加法合成法。

1. 乘法合成法

设有 l 种单一赋权方法,第 i 项指标通过第 s 种($1 \leqslant s \leqslant l$)单一赋权方法得到的权重为 $w_i^{(s)}$,对于任意 s 满足 $\sum_{i=1}^{k} w_i^{(s)} = 1$,则乘法合成后第 i 项指标的组合权重 w_i 为:

$$w_i = \frac{\prod_{s=1}^{l} w_i^{(s)}}{\sum_{i=1}^{k} \prod_{s=1}^{l} w_i^{(s)}} \tag{8-3}$$

乘法合成法适用于指标个数较多且权重在指标间分配相对均匀的情况,当指标较少时会产生乘数"倍增效应"[175]。

2. 线性加法合成法

线性加法合成法在计算组合权重之前需要为每一种单一赋权方法分配加权系数。假设第 s 种单一赋权方法的加权系数为 θ_s($1 \leqslant s \leqslant l$),则线性加法合成后第 i 项指标的组合权重 w_i 为:

$$w_i = \sum_{s=1}^{l} \theta_s \cdot w_i^{(s)} \tag{8-4}$$

线性加法合成法为每一种单一赋权方法分配加权系数时,需要考虑决策者对不同赋权方法的偏好;若决策者无明显偏好,则需进一步确定不同赋权方法的权重系数。

赋权方法权重系数的确定有多种方法,从是否考虑指标值角度可分为两类:第一类是只考虑权重值,不考虑指标值的方法;第二类是既考虑权重值,又考虑指标值的方法。第一类方法求解结果完全不受指标值的影响,但受指标个数的影响,且稳定性不足。第二类方法将权重值与指标值进行融合,通过建立基于不同目标的优化模型进行权重系数的求解,归纳起来主要有三种模型:一是基于综合评价值最大化的组合优化模型;二是基于偏差最小化的组合优化模型;三是基于离差最大化的组合优化模型。

基于综合评价值最大化的组合赋权法是在综合决策结果最优的原则下求解主、客观赋权的权重系数[176]。该方法从评价结果层面求组合权重,更加灵活,解释性更强,但未考虑评价对象之间的区分度。基于偏差最小化的组合赋权法是使组合权重评价值与单一赋权方法评价下的评价值之间的偏差尽可能小,以此建立模型求解主、客观赋权方法的权重系数[177]。该方法提高了组合评价结果与主、客观赋权方法下评价结果之间的一致性,但同样未考虑评价对象之间的区分度。基于离差最大化的组合赋权法是基于各评价对象之间的差异达到最大的思想,建立模型并求解使评价对象综合评价值更加分散的权重向量,进而提高分类的准确率[178]。该方法可以使最终得到的综合评价值更加分散,便于区分。因此,本章节拟采用基于离差最大化的组合赋权法确定各指标的最终权重。

8.5 基于离差最大化的组合赋权法

8.5.1 主观赋权法——G1 法

序关系分析法(G1 法)[179]的中心思想是对各指标的重要程度进行对比,确立指标间的序关系,得到指标的主观权重。G1 法不仅解决了层次分析法需要检验判断矩阵一致性的问题,而且根据指标重要程度来递归排序,保证了思维过程的稳定性,赋权结果更加合理。因此,本章节拟采用 G1 法获得各指标的主观权重,其具体步骤如下:

1. 确定指标的重要性排序

假设评价指标集为 $\{x_1, x_2, \cdots, x_k\}$。首先,专家根据经验选出主观上认为最重要的指标,记为 x_1',然后从剩余的指标中继续选出最重要的指标,记作 x_2',以此类推,最终得到所有指标的排序:$x_1', x_2', \cdots, x_k'$。

2. 确定各指标的相对重要程度

根据表 8-2 依次对各指标间的相对重要性进行量化。若用 r_i 表示指标 x_{i-1}' 与 x_i' 的重要性之比,则

$$r_i = \frac{w_{i-1}}{w_i} \tag{8-5}$$

式中,w_i 为指标 x_i' 的权重。

3. 计算各指标的权重

G1 法确定指标权重是一个逆推过程。首先,根据公式(8-6)计算排序最末尾指标 x_k' 的权重 $w_k^{(1)}$,

表 8 - 2　指标重要性评分量表

r_i	说　明	r_i	说　明
1.0	指标 x'_{i-1} 与指标 x'_i 同样重要	1.6	指标 x'_{i-1} 比指标 x'_i 强烈重要
1.2	指标 x'_{i-1} 比指标 x'_i 稍微重要	1.8	指标 x'_{i-1} 比指标 x'_i 极端重要
1.4	指标 x'_{i-1} 比指标 x'_i 明显重要		

$$w_k^{(1)} = \left(1 + \sum_{d=2}^{k} \prod_{i=d}^{k} r_i\right)^{-1} \qquad (8-6)$$

式中,上标"(1)"代表 G1 法。接着,根据公式(8-7)逆序计算剩余指标的权重,

$$w_{i-1}^{(1)} = w_i^{(1)} \cdot r_i \qquad (8-7)$$

由此,通过 G1 法得到所有指标的主观权重为 $[w_1^{(1)}, w_2^{(1)}, \cdots, w_k^{(1)}]$。

8.5.2　客观赋权法——因子分析法

因子分析法由 Spearman 教授提出,通过分析指标的相关性矩阵,将多指标综合成少数因子,以再现原始指标之间的相对影响程度及其对综合评价值的影响程度,也即各指标的权重值。因子分析法能较好地反映指标间的相关性信息,弥补 FDOD 度量在进行综合评价时未考虑相关性信息的不足。因此,本章拟采用因子分析法求取各指标的客观权重,其计算步骤如下:

1. 数据标准化处理

设有 n 个样本,k 项评价指标,x_{ij} 表示第 j 个样本的第 i 项指标值。为了消除指标量纲不同带来的影响,根据公式(8-8)对 x_{ij} 进行标准化处理:

$$x'_{ij} = \frac{x_{ij} - \bar{x}_{i\cdot}}{s_i} \quad (i=1, 2, \cdots, k; j=1, 2, \cdots, n) \qquad (8-8)$$

其中,$\bar{x}_{i\cdot} = \dfrac{1}{n} \sum_{j=1}^{n} x_{ij}$,$s_i = \sqrt{\dfrac{1}{n-1} \sum_{j=1}^{n} (x_{ij} - \bar{x}_{i\cdot})^2}$。

2. 利用标准化后的数据,计算相关矩阵 C

3. 求 C 的特征值和特征向量

用 Jacobi 方法求 C 的特征值 $\lambda_g (g=1,2,\cdots, k)$ 和相应特征向量 $U_g (g=1,2,\cdots, k)$。其中,$\lambda_1 \geqslant \lambda_2 \geqslant \cdots \geqslant \lambda_k > 0$。

4. 选取主因子,建立初始因子载荷矩阵 A

按照方差累计贡献率 $\sum_{g=1}^{q}\lambda_g / \sum_{g=1}^{k}\lambda_g \geqslant 80\%$ 的要求,选取前 q 个因子作为主因子 $\varphi_1, \varphi_2, \cdots, \varphi_q (q < k)$,并利用前 q 个特征值和特征向量构建初始因子载荷矩阵 A,如公式(8-9)所示。

$$A = (U_{gi}\sqrt{\lambda_g})_{k\times q} = (a_{gi})_{k\times q} \tag{8-9}$$

式中,a_{gi} 为第 i 项指标在第 g 个因子处的载荷。

5. 对初始因子载荷矩阵 A 进行旋转变换

如果某个指标同时在多个主因子上有较大载荷,将导致主因子的实际含义模糊不清,此时需对 A 进行旋转变换,使得指标仅在一个主因子上有较大载荷。旋转变换后新的因子载荷矩阵为 $A_1 = (d_{gi})_{k\times q}$。

6. 建立因子模型

利用因子载荷矩阵,建立因子模型 $X = A_1 F + \varepsilon$。其中,$X = (x_1, x_2, \cdots, x_k)^T$,$F$ 为公共因子矩阵,ε 为特殊因子矩阵。

7. 计算主因子得分

根据因子模型,将主因子表示为指标的线性组合,如公式(8-10)所示。

$$\begin{cases} \varphi_1 = b_{11}x_1 + b_{12}x_2 + \cdots + b_{1k}x_k + \varepsilon_1' \\ \varphi_2 = b_{21}x_1 + b_{22}x_2 + \cdots + b_{2k}x_k + \varepsilon_2' \\ \cdots \\ \varphi_q = b_{q1}x_1 + b_{q2}x_2 + \cdots + b_{qk}x_k + \varepsilon_q' \end{cases} \tag{8-10}$$

式中,b_{vi} 为第 v 个主因子在第 i 项指标的得分值。根据公式(8-10),采用回归估计法计算得到因子得分系数矩阵 $B = (b_{vi})_{q\times k} = C^{-1}A_1^T$。

8. 求各指标的权重

根据矩阵 B 得到 β_i:

$$\beta_i = \sum_{v=1}^{q} d_v \cdot b_{vi}$$

式中,$d_v = \lambda_v / \sum_{v=1}^{q}\lambda_v$,即主因子贡献率,$v = 1, 2, \cdots, q$。对 β_i 进行归一化,得到各指标的权重:

$$w_i^{(2)} = \frac{\beta_i}{\sum_{i=1}^{k}\beta_i} \tag{8-11}$$

由此,通过因子分析法得到指标的客观权重为 $\left[w_1^{(2)}, w_2^{(2)}, \cdots, w_k^{(2)}\right]$,其中上标"(2)"代表因子分析法。

8.5.3 基于离差最大化的组合赋权法

1. 模型构建

基于离差最大化的组合赋权法[180]由王应明教授提出。该方法通过建立一个使各赋权方法下的结果值之间距离达到最大的模型,求得各单一赋权方法的权重系数,进而将各单一赋权法求得的权重组合起来,得到各指标的组合权重值。

设有 n 个评价对象,k 项评价指标,评价对象集为 $S=\{S_1, S_2, \cdots, S_n\}$。有 l 种赋权方法,构成赋权方法集 $f=\{f_1, f_2, \cdots, f_l\}$。若对象 S_j 在单一赋权方法 f_m 下的评价值为 f_{jm},则可得评价结果矩阵 $F=(f_{jm})_{n\times l}$,$j=1, 2, \cdots, n$,$m=1, 2, \cdots, l$。设 $\theta=\{\theta_1, \theta_2, \cdots, \theta_l\}^T$ 为各单一赋权方法进行组合时的权重系数向量,θ_m 为 f_m 的权重系数。

设 d_{jmt} 为单一赋权方法 f_m 下评价对象 S_j 与 S_t 的离差,则:

$$d_{jmt}=\mid f_{jm} - f_{tm}\mid \tag{8-12}$$

组合赋权下评价对象 S_j 与 S_t 的离差为:

$$d_{jt}=\sum_{m=1}^{l}\theta_m \cdot \mid f_{jm} - f_{tm}\mid \tag{8-13}$$

所有评价对象的总离差为:

$$D=\sum_{j=1}^{n}\sum_{t=1}^{n}\sum_{m=1}^{l}\theta_m \cdot \mid f_{jm} - f_{tm}\mid \tag{8-14}$$

基于离差最大化思想,构建组合赋权下的最优化模型为:

$$\max D=\sum_{j=1}^{n}\sum_{t=1}^{n}\sum_{m=1}^{l}\theta_m \cdot \mid f_{jm} - f_{tm}\mid \tag{8-15}$$

$$s.t. \begin{cases} \sum_{m=1}^{l}\theta_m^2=1 \\ \theta_m>0 \quad m=1, 2, \cdots, l \end{cases}$$

2. 模型求解

运用拉格朗日函数求解,得到权重系数 θ_m:

$$\theta_m = \frac{\sum_{j=1}^{n} \sum_{t=1}^{n} |f_{jm} - f_{tm}|}{\sqrt{\sum_{m=1}^{l} \left(\sum_{j=1}^{n} \sum_{t=1}^{n} |f_{jm} - f_{tm}|\right)^2}} \tag{8-16}$$

对 θ_m 进行归一化处理,得到各赋权方法的最终权重系数 θ'_m:

$$\theta'_m = \frac{\theta_m}{\sum_{m=1}^{l} \theta_m} \tag{8-17}$$

3. 确定组合权重

假设在单一赋权方法 f_m 下各指标的权重向量为 $w^{(m)} = [w_1^{(m)}, w_2^{(m)}, \cdots, w_k^{(m)}]^T$,则可根据公式(8-18)得到指标 x_i 的组合权重值 w_i。

$$w_i = \sum_{m=1}^{l} \theta'_m \cdot w_i^{(m)} \tag{8-18}$$

由此,通过基于离差最大化的组合赋权法得到指标的组合权重为 $[w_1, w_2, \cdots, w_k]$。

8.6 基于改进的 FDOD 度量的航空发动机健康状况评估

8.6.1 基本步骤

利用改进的 FDOD 度量来综合评估航空发动机的健康状况,其具体步骤如下:

第一步,根据要求,将数据 x_{ij} 规范化。

对于效益型指标(越大越好型),采用公式(8-19)进行规范化;对于成本型指标(越小越好型),采用公式(8-20)进行规范化。

$$x''_{ij} = \frac{x_{ij} - \min_{1 \leqslant j \leqslant n} x_{ij}}{\max_{1 \leqslant j \leqslant n} x_{ij} - \min_{1 \leqslant j \leqslant n} x_{ij}} \tag{8-19}$$

$$x''_{ij} = \frac{\max_{1 \leqslant j \leqslant n} x_{ij} - x_{ij}}{\max_{1 \leqslant j \leqslant n} x_{ij} - \min_{1 \leqslant j \leqslant n} x_{ij}} \tag{8-20}$$

第二步,将规范化后的数据 x''_{ij} 进行归一化处理,以满足 $\sum_{i=1}^{k} x''_{ij} = 1$。

第三步,求各指标的组合权重。

首先,分别采用 G1 法和因子分析法确定各指标的主、客观权重;接着,基于离差最大化的组合赋权法求得各指标的组合权重。

第四步,利用 Jackknife 方式,根据公式(8-2)计算所选取发动机与各类发动机的信息离散度 B_j,并按照最近邻原则进行分类。

第五步,统计分类准确率。

8.6.2   优点

利用改进的 FDOD 度量对航空发动机健康状况进行综合评估,具有如下优点:

一是对数据要求少。在改进后 FDOD 度量的计算中,第 j 个样本的第 i 项指标值 u_{ij} 只需满足 $u_{ij} \geqslant 0$, $\sum_{i=1}^{k} u_{ij} = 1$,除此之外对样本数据没有要求。

二是不受强相关问题的影响,同时又考虑了指标间的相关性信息,提高了分类准确率。FDOD 度量在计算过程中不涉及相关矩阵及逆矩阵,因此不受强相关问题的影响。利用因子分析法对指标进行客观赋权,又考虑了指标间相关性信息,提高了样本评价准确度和分类准确率。

8.7   仿真分析

8.7.1   数据来源

本章节选用仿真模型 C-MAPSS 生成的数据集[181] 作为样本数据。该仿真数据包含 4 组数据,每组数据均包含训练集和测试集,每个集合中都包含若干台发动机的性能检测数据。所有发动机的检测数据均包含 21 项性能指标和 3 项状态指标。本文选取训练集 FD001,该数据集包含 100 台发动机,记录了每台发动机从正常运行到完全故障停止运行期间的所有飞行循环数据。选取每台发动机的第一条数据作为健康样本,最后一条数据作为故障样本。因此,本文有 100 条健康样本数据和 100 条故障样本数据。

发动机结构复杂,不同指标将反映不同方面的信息。如果指标过少,将难以全面反映发动机的健康状况。然而,并不是指标越多越好,过多指标将造成信息冗余,甚至给评价带来干扰。学者们基于 C-MAPSS 平台生成的数据集进行了航空发动机相关研究,周俊(2017)[182]提出一种基于信息理论的指标选择方法,从 21 项性能指标中选择了 6 项;Wang 等(2008)[183]先是根据数据集中所有指标的时间序列数据走势选择了 11 项指标,而后进一步选择若干指标进行组合,最后选出了使剩余寿命预测更准确的 7 项指标作为评价指标。

本书在 7.2 节介绍了 FDOD 度量,其中 B_i 用于衡量各信息源在第 i 项指标上的信息离散度,如公式(8-21)所示。

$$B_i(U_1, U_2, \cdots, U_n) = \sum_{j=1}^{n} u_{ij} \cdot \log \frac{u_{ij}}{\sum_{j=1}^{n} u_{ij}/n} \qquad U_j \in \Gamma_k \quad (8-21)$$

因此,可以利用公式(8-21)计算健康样本与故障样本分别在各项性能指标的信息离散度 $B_i(i=1, 2, \cdots, 21)$,如表 8-3 所示。其中,"—"表示健康样本与故障样本在该项指标无差异或差异极小。

表 8-3　发动机健康样本与故障样本在 21 项性能指标的 B_i

指标序号	B_i		差　值	排　序
	健康样本	故障样本		
1	—	—	—	
2	**−118.49**	**−149.77**	**31.29**	**5**
3	**−113.98**	**−145.07**	**31.09**	**6**
4	**−121.18**	**−149.48**	**28.30**	**7**
5	—	—	—	
6	—	—	—	
7	−125.15	−145.91	20.76	9
8	**−80.85**	**−144.11**	**63.26**	**1**
9	**−90.31**	**−136.11**	**45.80**	**4**
10	—	—	—	
11	**−88.19**	**−138.44**	**50.25**	**3**
12	**−91.12**	**−145.65**	**54.54**	**2**
13	−118.56	−145.46	26.90	8
14	−123.23	−142.39	19.17	10
15	−120.50	−134.05	13.55	12
16	—	—	—	
17	−128.99	−105.42	−23.58	14

指标序号	B_i		差　值	排　序
	健康样本	故障样本		
18	—	—	—	—
19	—	—	—	—
20	−118.50	−135.50	17.00	11
21	−119.65	−131.87	12.22	13

　　基于上述文献和表 8-3 对指标 B_i 的分析,本文从 21 项性能指标中选取了 7 项性能指标 2,3,4,8,9,11,12。后续将基于此 7 项性能指标进行发动机健康状况评估,如表 8-4 所示。

表 8-4　航空发动机健康状况评估指标

指标序号	指　标　名　称	指标符号
2	低压压气机出口总温	x_1
3	高压压气机出口总温	x_2
4	低压涡轮出口总温	x_3
8	低压转子转速	x_4
9	高压转子转速	x_5
11	高压压气机出口静压	x_6
12	燃油流量与高压压气机出口静压之比	x_7

8.7.2　数据分析与结果

1. 对原始数据进行规范化与归一化处理

　　当发动机有故障发生或者压气机、涡轮效率下降时,在同样初始条件下,燃油流量和排气温度就会升高,导致指标 x_1, x_2, x_3, x_4, x_6 的值变大,指标 x_5 和 x_7 的值变小。另外,对上述 7 项指标绘制数据变化曲线,如图 8-2 所示。由图 8-2 可知,随着故障程度的加剧,指标 x_1, x_2, x_3, x_4, x_6 的值总体趋势逐渐变大,而指标 x_5 和 x_7 的值则逐渐变小。由此可见,指标 x_1, x_2, x_3, x_4, x_6

属于成本型,可采用公式(8-20)进行规范化处理;指标 x_5 和 x_7 属于效益型,可采用公式(8-19)进行规范化处理。之后,再对数据进行归一化处理。

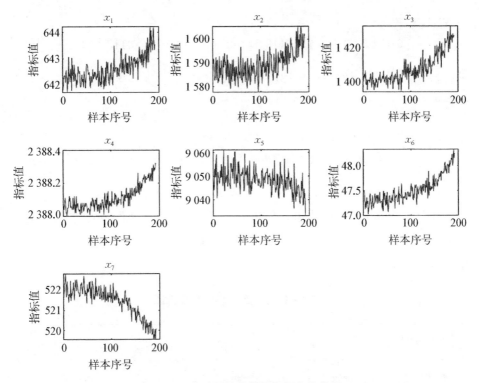

图 8-2　发动机性能指标数据变化曲线

2. 确定指标权重

首先,专家根据经验确定上述 7 项指标的序关系,参照表 8-2 得到相邻指标之间的重要性比值,根据公式(8-6)和公式(8-7)计算得到各指标的主观权重,如表 8-5 第 3 列所示。

表 8-5　基于 G1 法求得的各指标主观权重

指标符号	重要性比值	权重值	指标符号	重要性比值	权重值
x_3	—	0.364 6	x_2	1.4	0.072 9
x_5	1.7	0.214 5	x_1	1.3	0.056 1
x_6	1.5	0.143 0	x_4	1.2	0.046 8
x_7	1.4	0.102 1			

其次,利用因子分析法得到指标$(x_1, x_2, x_3, x_4, x_5, x_6, x_7)$的客观权重:

$$w^{(2)} = \left[w_1^{(2)}, w_2^{(2)}, \cdots, w_7^{(2)} \right]^T$$
$$= \left[0.134\ 8, 0.148\ 4, 0.113\ 8, 0.073\ 4, 0.206\ 5, 0.113\ 1, 0.210\ 0 \right]^T$$

最后,利用公式(8-12)~(8-18),得到指标$(x_1, x_2, x_3, x_4, x_5, x_6, x_7)$的组合权重:

$$w = \left[w_1, w_2, w_3, w_4, w_5, w_6, w_7 \right]^T$$
$$= \left[0.141, 0.152, 0.136, 0.124, 0.175, 0.114, 0.135 \right]^T$$

3. 对样本进行分析

利用Jackknife方式,将组合权重w代入公式(8-2)计算所选取发动机与各类发动机的赋权重信息离散度B_j^*,并按照最近邻原则进行分类,其分类准确率如表8-6所示。

表8-6 航空发动机分类准确率

真实状态	判定状态	数 量	统计数量	分类准确率
健康样本	健康样本	93	100	93%
健康样本	故障样本	7		7%
故障样本	故障样本	92	100	92%
故障样本	健康样本	8		8%

由表8-6可知,健康发动机样本数据的分类准确率达到93%,故障发动机样本数据的分类准确率达到92%。

8.7.3 对比分析

为了进一步说明改进的FDOD度量的有效性,对比分析如表8-7所示。

由表8-7可知,相比于传统未加权FDOD度量,单一赋权法能提高综合评估时的分类准确率,其中因子分析法赋权效果好于G1法;采用组合赋权法时,乘法合成法、基于决策者主观偏好的线性加法合成法和基于综合评价值最大化

表 8-7 不同赋权方法下结果对比分析

综合评价指标	赋 权 方 法	分类准确率	
		健康样本	故障样本
FDOD 度量	未赋权	85%	80%
	G1 法	86%	84%
	因子分析法	88%	89%
	乘法合成组合赋权法	88%	**70%**
	线性加法合成组合赋权法(主观偏好系数为 0.9)	89%	**79%**
	基于综合评价值最大化组合赋权法	**98%**	52%
	基于偏差最小化组合赋权法	87%	89%
	基于离差最大化组合赋权法	**93%**	**92%**

组合赋权法仅提高了健康样本的分类准确率,故障样本的分类准确率反而降低了,而提高故障样本的分类准确率更有意义;基于偏差最小化组合赋权加权后两类样本的分类准确率均得到提高,但其均低于基于离差最大化组合赋权法加权后的分类准确率。由此可见,基于离差最大化的组合赋权法对 FDOD 度量的改进是最有效的,可以大幅提高航空发动机的分类准确率。

8.8 本章小结

本章重点研究了航空发动机健康状况的准确评估问题。

首先,综述了航空发动机健康状况评估的相关文献,介绍了航空发动机的状况、性能指标和故障类型——传感器故障、性能衰退和组件故障。

其次,介绍了发动机健康状况评估的四大类方法——基于评估模型的方法、基于统计分析的方法、基于人工智能的方法和基于 FDOD 度量的方法,对比分析各大评估方法优缺点的基础上,根据航空发动机的数据特征选择了发动机健康状况评估的方法——FDOD 度量。

接着,分析了利用传统 FDOD 度量进行综合评价的不足——未考虑指标间的相关性和各指标的相对重要程度,以及各种赋权方法的优缺点,选用基于离差最大化的组合赋权法对 FDOD 度量进行改进,提高评价的准确性。其中,选用 G1 法确定各指标的主观权重。

最后,对 C-MAPSS 平台生成的数据进行仿真分析,验证方法的有效性。基于文献分析和指标 B_i 的计算,从 21 项性能指标中选择了 7 项,用于发动机健康状况评价;对原始数据进行规范化与归一化处理;分别确定 7 项指标的主、客观权重及组合权重;根据计算的赋权重信息离散度 B_j^* 对样本分类,并进行对比分析。结果显示,基于离差最大化的组合赋权法对 FDOD 度量的改进是最有效的,可以大幅提高航空发动机的分类准确率。

第九章
结束语

　　本书对基于马氏田口方法的多维综合评价系统优化与样本诊断溯源进行了深入研究,主要解决了三个方面的问题。

　　一是多维综合评价系统优化分析中的强相关问题。在马氏田口方法中,采用马氏距离函数对样本进行综合评价,以衡量样本的异常程度。强相关问题的存在,使得样本马氏距离难以计算或计算结果很不准确,进而影响了多维综合评价系统的优化。不管是马氏田口施密特正交化法,还是伴随矩阵法,都是通过改进马氏距离函数来解决强相关问题,但两种方法本身都有不足。基于此,一方面,利用广义逆矩阵处理强相关问题的强大能力和 M-P 广义逆矩阵的存在性、唯一性,本书提出了马氏田口 M-P 广义逆矩阵法,有效解决了多维综合评价系统优化分析中的完全线性相关问题。另一方面,利用信息论中的 FDOD 度量代替马氏距离函数来衡量样本的异常程度,并将其与田口方法结合进行多维综合评价系统的优化分析,彻底解决多维综合评价系统优化分析中的强相关问题。

　　二是观测样本异常程度诊断/预测的准确性问题。利用优化后的多维综合评价系统对观测样本进行诊断/预测分析时,田口仍然采用修改的等权重马氏距离函数衡量样本的异常程度,忽略了各变量/指标的相对重要程度,降低了诊断/预测的准确性。基于此,一方面,本书根据马氏距离函数的特点选用主观赋权法确定各变量的权重,进而提出了赋权重马氏距离函数,提高了多维综合评价系统观测样本异常程度诊断/预测的准确性。另一方面,传统的 FDOD 度量未考虑变量间的相关性和各变量的相对重要程度,本书选用基于离差最大化的组合赋权法(既考虑了客观赋权,又考虑了主观赋权)对其进行改进,进而提出了赋权重 FDOD 度量,提高了航空发动机健康状况诊断/预测的准确性。

　　三是异常观测样本的溯源问题。对于诊断/预测出的异常观测样本,分析导致其异常的潜在原因,以便采用合适的改进措施,使其恢复到正常状态,甚至提高其状态水平。传统的马氏田口方法主要是用于多维综合评价系统的优化与观测样本异常程度的诊断/预测,而并未涉及对诊断/预测出的异常观测样本进行溯源分析。然而,要提高样本的质量水平,使其恢复到正常状态,分析导致其异常的原因才是关键。因此,本书基于统计距离 T^2 的 MYT 正交分解法,提出了赋权重马氏距离的 MYT 正交分解法,用于异常观测样本的潜在异常原因分析,提高了异常原因分析的合理性和可解释性。

尽管本书已对基于马氏田口方法的多维综合评价系统优化与样本诊断溯源分析进行了较系统、全面的研究,也取得了不少研究成果,但是部分研究仍处于探索阶段,有待未来进一步深入,其中包括:

利用赋权重 FDOD 度量诊断/预测观测样本的异常程度时,本书更多考虑的是基于最近邻原则对观测样本分类,而未将 FDOD 度量作为一个连续值,确定其阈值,进而根据观测样本的 FDOD 度量值与阈值的关系,确定样本的异常程度。

关于异常观测样本的潜在原因分析,本书仅仅研究了基于赋权重马氏距离函数诊断/预测出的异常样本,而还未研究基于赋权重 FDOD 度量诊断/预测出的异常样本。

在多维综合评价系统优化与样本诊断/预测分析中,本书主要考虑了综合评价指标的替换与改进,而未重点研究用于多维综合评价系统优化的田口方法正交表和信噪比。

本书在实证分析部分主要用了两个案例:某医院血黏度诊断系统和西班牙银行稳健性评价系统,同时利用 C - MAPSS 平台生成的仿真数据分析了航空发动机健康状况评估系统。其中,血黏度诊断系统的实例贯穿了本书好几章内容,然而分析用的正常参考组样本量并不算很大。为了使分析结论更加合理,应收集更多的样本数据。同时,也应该用更多的案例验证方法的有效性。

另外,还有许多与该领域相关的、值得研究的内容,在此将不一一列举,希望未来能在此基础上进一步拓展、深入研究,为提高我国质量管理水平尽一份绵薄之力。

附 录

表 1 相关矩阵 $C_{16\times16}$

1.000	0.351	0.358	0.347	0.466	0.799	0.066	-0.292	0.732	-0.385	0.007	-0.083	0.145	0.308	0.738	-0.602
0.351	1.000	0.064	0.099	0.160	0.318	0.267	0.202	0.243	-0.186	0.045	0.321	0.509	-0.036	0.210	-0.305
0.358	0.064	1.000	0.942	0.810	0.448	0.016	-0.370	0.547	0.491	-0.176	-0.223	0.065	0.939	0.422	0.087
0.347	0.099	0.942	1.000	0.863	0.447	-0.014	-0.348	0.537	0.430	-0.174	-0.202	0.086	0.896	0.432	0.058
0.466	0.160	0.810	0.863	1.000	0.481	0.086	-0.294	0.553	0.267	-0.175	-0.140	0.156	0.733	0.431	-0.075
0.799	0.318	0.448	0.447	0.481	1.000	0.041	-0.213	0.635	-0.204	0.342	-0.016	0.183	0.405	0.940	-0.426
0.066	0.267	0.016	-0.014	0.086	0.041	1.000	0.364	-0.025	0.013	0.028	0.388	0.461	-0.327	-0.303	-0.223
-0.292	0.202	-0.370	-0.348	-0.294	-0.213	0.364	1.000	-0.370	-0.047	0.160	0.951	0.465	-0.473	-0.327	0.049
0.732	0.243	0.547	0.537	0.553	0.635	-0.025	-0.370	1.000	-0.446	-0.489	-0.098	0.180	0.522	0.614	-0.751
-0.385	-0.186	0.491	0.430	0.267	-0.204	0.013	-0.047	-0.446	1.000	0.318	-0.165	-0.150	0.463	-0.199	0.872
0.007	0.045	-0.176	-0.174	-0.175	0.342	0.028	0.160	-0.489	0.318	1.000	0.058	-0.061	-0.177	0.315	0.425
-0.083	0.321	-0.223	-0.202	-0.140	-0.016	0.388	0.951	-0.098	-0.165	0.058	1.000	0.548	-0.345	-0.148	-0.163
0.145	0.509	0.065	0.086	0.156	0.183	0.461	0.465	0.180	-0.150	-0.061	0.548	1.000	-0.093	0.020	-0.299
0.308	-0.036	0.939	0.896	0.733	0.405	-0.327	-0.473	0.522	0.463	-0.177	-0.345	-0.093	1.000	0.499	0.162
0.738	0.210	0.422	0.432	0.431	0.940	-0.303	-0.327	0.614	-0.199	0.315	-0.148	0.020	0.499	1.000	-0.330
-0.602	-0.305	0.087	0.058	-0.075	-0.426	-0.223	0.049	-0.751	0.872	0.425	-0.163	-0.299	0.162	-0.330	1.000

相关矩阵的行列式：$|C_{16\times16}| = 2.384 \times 10^{-18}$。

表 2　相关矩阵 $C_{16\times16}$ 的逆矩阵 C^{-1}

4.634	-0.560	-10.448	1.480	-1.196	-1.234	3.168	-1.399	-2.483	0.078	-0.343	1.760	0.319	11.084	-0.951	0.086
-0.560	1.795	-3.994	-1.187	0.544	-8.310	5.058	1.278	0.216	-4.825	3.457	-1.265	-0.812	10.188	4.479	0.465
-10.448	-3.994	1 808.2	26.034	-21.246	-652.22	-410.29	-10.22	-29.715	-158.24	122.07	2.198	12.776	-1 730.8	535.93	-11.623
1.480	-1.187	26.034	17.497	-6.867	24.115	-23.572	6.271	5.985	23.356	-16.141	-6.117	0.642	-66.002	-6.023	0.354
-1.196	0.544	-21.246	-6.867	6.507	-7.824	11.289	-2.073	0.946	-15.377	13.067	2.216	-0.534	40.723	-7.334	1.206
-1.234	-8.310	-652.22	24.115	-7.824	2 823.9	-791.06	149.09	-100.09	318.49	-273.860	-143.2	5.229	398.85	-2 620.8	-115.96
3.168	5.058	-410.29	-23.572	11.289	-791.06	444.03	-58.961	37.879	-93.535	69.041	58.762	-7.221	510.5	742.99	56.492
-1.399	1.278	-10.22	6.271	-2.073	149.09	-58.961	85.274	36.51	61.19	-32.499	-78.772	-1.251	-56.293	-112.79	-7.264
-2.483	0.216	-29.715	5.985	0.946	-100.09	37.879	36.51	171.73	-38.263	56.496	-31.974	1.607	-18.71	40.315	114.83
0.078	-4.825	-158.24	23.356	-15.377	318.49	-93.535	61.19	-38.263	361.24	-249.83	-58.535	-0.165	-173.28	-26.311	-105.86
-0.343	3.457	122.07	-16.141	13.067	-273.860	69.041	-32.499	56.496	-249.83	199.78	32.109	0.371	108.34	43.27	69.735
1.760	-1.265	2.198	-6.117	2.216	-143.2	58.762	-78.772	-31.974	-58.535	32.109	74.552	0.335	61.622	107.12	7.893
0.319	-0.812	12.776	0.642	-0.534	5.229	-7.221	-1.251	1.607	-0.165	0.371	0.335	2.300	-15.013	-6.068	1.803
11.084	10.188	-1 730.8	-66.002	40.723	398.85	510.5	-56.293	-18.71	-173.28	108.34	61.622	-15.013	2 031.6	-555.54	37.697
-0.951	4.479	535.93	-6.023	-7.334	-2 620.8	742.99	-112.79	40.315	-26.311	43.27	107.12	-6.068	-555.54	2 692.8	36.965
0.086	0.465	-11.623	0.354	1.206	-115.96	56.492	-7.264	114.83	-105.86	69.735	7.893	1.803	37.697	36.965	122.62

表 3　相关矩阵 $C_{16\times16}$ 的伴随矩阵 C^*

1.10E-17	-1.33E-18	-2.49E-17	3.53E-18	-2.85E-18	-2.94E-18	7.55E-18	-3.34E-18	-5.92E-18	1.86E-19	-8.19E-19	4.20E-18	7.60E-19	2.64E-17	-2.27E-18	2.04E-19
-1.33E-18	4.28E-18	-9.52E-18	-2.83E-18	1.30E-18	-1.98E-18	1.21E-17	3.05E-18	5.15E-19	-1.15E-17	8.24E-18	-3.02E-18	-1.94E-18	2.43E-17	1.07E-17	1.11E-18
-2.49E-17	-9.52E-18	4.31E-15	6.21E-17	-5.06E-17	-1.55E-15	-9.78E-16	-2.44E-16	-7.08E-17	-3.77E-16	2.91E-16	5.24E-18	3.05E-17	-4.13E-15	1.28E-15	-2.77E-17
3.53E-18	-2.83E-18	6.21E-17	4.17E-17	-1.64E-17	5.75E-17	-5.62E-17	1.43E-17	1.49E-17	5.57E-17	-3.85E-17	-1.46E-17	1.53E-17	-1.57E-16	-1.44E-17	8.44E-19
-2.85E-18	1.30E-18	-5.06E-17	-1.64E-17	1.55E-17	-1.87E-17	2.69E-17	-4.94E-18	2.26E-18	-3.67E-17	3.11E-17	5.28E-18	-1.27E-17	9.71E-17	1.55E-15	2.87E-18
-2.94E-18	-1.98E-18	-1.55E-15	5.75E-17	-1.87E-17	6.73E-15	-1.89E-15	1.06E-15	-2.39E-16	-1.89E-16	9.03E-17	-2.39E-16	7.59E-16	-6.53E-16	-6.25E-15	-2.76E-16
7.55E-18	1.21E-17	-9.78E-16	-5.62E-17	2.69E-17	-1.89E-15	1.06E-15	-1.41E-16	2.03E-16	8.70E-17	1.46E-16	-7.75E-17	-1.88E-16	-2.98E-16	-1.34E-16	1.35E-16
-3.34E-18	3.05E-18	-2.44E-16	1.43E-17	-4.94E-18	1.06E-15	-1.41E-16	9.51E-16	1.22E-15	-1.34E-16	8.70E-17	9.03E-17	-7.62E-17	3.83E-18	-9.12E-17	-1.73E-17
-5.92E-18	5.15E-19	-7.08E-17	1.49E-17	2.26E-18	-2.39E-16	2.03E-16	1.22E-15	9.03E-17	4.09E-16	-9.12E-17	1.35E-16	-7.62E-17	3.83E-18	-4.46E-17	2.74E-16
1.86E-19	-1.15E-17	-3.77E-16	5.57E-17	-3.67E-17	-1.89E-16	8.70E-17	-1.34E-16	4.09E-16	-9.12E-17	8.61E-16	-5.96E-16	-1.40E-16	-3.93E-19	-4.13E-17	-2.52E-16
-8.19E-19	8.24E-18	2.91E-16	-3.85E-17	3.11E-17	9.03E-17	1.46E-16	8.70E-17	-9.12E-17	8.61E-16	4.76E-16	1.35E-16	7.65E-16	8.85E-19	1.03E-16	1.66E-16
4.20E-18	-3.02E-18	5.24E-18	-1.46E-17	5.28E-18	-2.39E-16	-7.75E-17	9.03E-17	1.35E-16	-5.96E-16	1.35E-16	1.78E-16	7.98E-19	5.48E-18	2.55E-16	1.88E-17
7.60E-19	-1.94E-18	3.05E-17	1.53E-17	-1.27E-17	7.59E-16	-1.88E-16	-7.62E-17	-7.62E-17	-1.40E-16	7.65E-16	7.98E-19	7.98E-19	5.48E-18	-1.45E-17	4.30E-18
2.64E-17	2.43E-17	-4.13E-15	-1.57E-16	9.71E-17	-6.53E-16	-2.98E-16	3.83E-18	3.83E-18	-3.93E-19	8.85E-19	5.48E-18	5.48E-18	4.84E-15	-3.58E-17	8.99E-17
-2.27E-18	1.07E-17	1.28E-15	-1.44E-17	1.55E-15	-6.25E-15	-1.34E-16	-9.12E-17	-4.46E-17	-4.13E-17	1.03E-16	2.55E-16	-1.45E-17	-3.58E-17	6.42E-15	8.81E-17
2.04E-19	1.11E-18	-2.77E-17	8.44E-19	2.87E-18	-2.76E-16	1.35E-16	-1.73E-17	2.74E-16	-2.52E-16	1.66E-16	1.88E-17	4.30E-18	8.99E-17	8.81E-17	2.92E-16

参考文献

［1］Johnson，R. A.，and Wichern，D. W. *Applied multivariate statistical analysis*. Englewood Cliffs，NJ：Prentice Hall，1992.

［2］Huber，P.J. Projection pursuit. *The Annals of Statistics*，1985，13(2)：435 - 475.

［3］成平,李国英.投影寻踪———一类新兴的统计方法[J].应用概率统计,1986,2(3)：267 - 276.

［4］赵敏,舒俭.基于 K - L 变换的人脸识别系统[J].华东交通大学学报,2006,23(5)：70 - 74.

［5］Koehler，G.J.，and Erenguc，S.S. Minimizing misclassifications in linear discriminant analysis. *Decision Sciences*，1990，21：63 - 85.

［6］Hyvärinen，A.，Karhunen，J.，and Oja，E. *Independent component analysis*. New York：Wiley-Interscience，2001.

［7］陈彬,洪家荣,王亚东.最优特征子集选择问题[J].计算机学报,1997,20(2)：133 - 138.

［8］王鸿斌,张立毅,胡志军.人工神经网络理论及其应用[J].山西电子技术,2006(2)：41 - 43.

［9］杜树新,吴铁军.模式识别中的支持向量机方法[J].浙江大学学报(工学版),2003,37(5)：521 - 527.

［10］Taguchi，G.，and Jugulum，R. New trends in multivariate diagnosis. *The Indian Journal of Statistics*，2000，62B (2)：233 - 248.

［11］Taguchi，S. Mahalanobis-Taguchi system. *ASI Taguchi Symposium*，2000.

［12］Taguchi，G.，and Jugulum，R. *The Mahalanobis-Taguchi strategy: a pattern technology system*. New York：John Wiley & Sons，2002.

[13] Woodall, W.H., Koudelik, R., Tsui, K.L., and Kim, S.B. A review and analysis of the Mahalanobis-Taguchi system. *Technometrics*, 2003, 45 (1): 1 - 15.

[14] Woodall, W.H., Koudelik, R., Tsui, K.L., Kim, S.B., Stoumbos, Z. G., and Carvounis, C.P. Response. *Technometrics*, 2003, 45(1): 29 - 30.

[15] Abraham, B., and Variyath, A.M. Discussion. *Technometrics*, 2003, 45 (1): 22 - 24.

[16] Hawkins, D.M. Discussion. *Technometrics*, 2003, 45(1): 25 - 29.

[17] Jugulum, R., Taguchi, G., Taguchi, S., and Wilkins, J.O. Discussion. *Technometrics*, 2003, 45(1): 16 - 21.

[18] Taguchi, G., Jugulum, R., and Taguchi, S. *Computer-based robust engineering: essentials for DFSS*. Milwaukee, Wisconsin: ASQ Quality Press, 2004.

[19] Taguchi, G., Jugulum, R., and Taguchi, S. Multivariate data analysis method and uses thereof. *United States Patent*, Patent No.: US 7,043, 401 B2, Date of Patent: May 9, 2006.

[20] Yang, T., and Cheng, Y.T. The use of Mahalanobis-Taguchi system to improve flip-chip bumping height inspection efficiency. *Microelectronics Reliability*, 2010, 50(3): 407 - 414.

[21] Liparas, D., Angelis, L., and Feldt, R. Applying the Mahalanobis-Taguchi strategy for software defect diagnosis. *Automated Software Engineering*, 2012, 19(2): 141 - 165.

[22] Das, P., and Datta, S. Developing an unsupervised classification algorithm for characterization of steel properties. *International Journal of Quality and Reliability Management*, 2012, 29(4): 368 - 383.

[23] Liparas, D., Laskaris, N., and Angelis, L. Incorporating resting state dynamics in the analysis of encephalographic responses by means of the Mahalanobis-Taguchi strategy. *Expert Systems with Applications*, 2013, 40(7): 2621 - 2630.

[24] Nakatsugawa, M., and Ohuchi, A. A study on determination of the threshold in MTS algorithm. *Transactions of the Institute of*

Electronics, Information and Communication Engineers A, 2001, J84 - A (4): 519 - 527.

[25] Su, C.T., and Hsiao, Y.H. An evaluation of the robustness of MTS for imbalanced data. *IEEE Transactions on Knowledge and Data Engineering*, 2007, 19(10): 1321 - 1332.

[26] Chinnam, R.B., Rai, B.K., and Singh, N. Tool-condition monitoring from degradation signals using Mahalanobis-Taghchi system analysis. *ASI's 20th Annual Symposium*, MI, U.S.A., 2004: 343 - 351.

[27] Lee, Y.C., and Teng, H.L. Predicting the financial crisis by Mahalanobis-Taguchi system-examples of Taiwan's electronic sector. *Expert Systems with Applications*, 2009, 36(4): 7469 - 7478.

[28] Huang, C.Y. Reducing solder paste inspection in surface-mount assembly through Mahalanobis-Taguchi analysis. *IEEE Transactions on Electronics Packaging Manufacturing*, 2010, 33(4): 265 - 274.

[29] Das, P. and Datta, S. A statistical concept in determination of threshold value for future diagnosis in MTS: an alternative to Taguchi's loss function approach. *International Journal for Quality Research*, 2010, 4 (2): 95 - 103.

[30] Kumar, S., Chow, T. W. S., and Pecht, M. Approach to fault identification for electronic products using Mahalanobis distance. *IEEE Transactions on Instrumentation and Measurement*, 2010, 59(8): 2055 - 2064.

[31] Ramlie, F., Muhamad, W.Z.A.W., Harudin, N., Abu, M.Y., Yahaya, H., Jamaludin, K.R., and Talib, H.H.A. Classification performance of thresholding methods in the Mahalanobis-Taguchi system. *Applied Sciences-Basel*, 2021, 11(9): 3906.

[32] Nakatsugawa, M., and Ohuchi, A. A study on selection of the terms in MTS algorithm. *Transactions of the Institute of Electronics, Information and Communication Engineers A*, 2002, J85 - A (4): 434 - 441.

[33] Huang, C.L., Chen, Y.H., and Wan, T.L.J. The Mahalanobis Taguchi

system-adaptive resonance theory neural network algorithm for dynamic product designs. *Journal of Information and Optimization Sciences*, 2012, 33(6), 623 - 635.

[34] Iquebal, A.S., Pal, A., Ceglarek, D., and Tiwari, M.K. Enhancement of Mahalanobis-Taguchi system via rough sets based feature selection. *Expert Systems with Applications*, 2014, 41(17): 8003 - 8015.

[35] Niu, J. L., and Cheng, L. S. Development of a methodology for imbalanced data classification using improved Mahalanobis-Taguchi system. *Journal of Industrial Engineering and Engineering Management*, 2012, 26(2): 85 - 93.

[36] Pal, A., and Maiti, J. Development of a hybrid methodology for dimensionality reduction inMahalanobis-Taguchi system using Mahalanobis distance and binary particle swarm optimization. *Expert Systems with Applications*, 2010, 37(2): 1286 - 1293.

[37] Reséndiz, E., and Rull-Flores, C.A. Mahalanobis-Taguchi system applied to variable selection in automotive pedals components using Gompertz binary particle swarm optimization. *Expert Systems with Applications*, 2013, 40(7): 2361 - 2365.

[38] 许前,郑称德,韩之俊.MTS 多类判别研究[J].南京理工大学学报(自然科学版),2002,26(1): 92 - 95.

[39] Su, C.T., and Hsiao, Y.H. Multiclass MTS for simultaneous feature selection and classification. *IEEE Transactions on Knowledge and Data Engineering*, 2009, 21(2): 192 - 205.

[40] Su, C.T., Wang, P.C., Chen, Y.C., and Chen, L.F. Data mining techniques for assisting the diagnosis of pressure ulcer development in surgical patients. *Journal of Medical Systems*, 2012, 36(4): 2387 - 2399.

[41] Das, P., and Mukherjee, S. An unsupervised classification scheme for multi-class problems including feature selection based on MTS philosophy. *International Journal of Industrial and Systems Engineering*, 2009, 4(6): 665 - 682.

[42] Häcker, J., Engelhardt, F., and Frey, D. D. Robust manufacturing inspection and classification with machine vision. *International Journal of Production Research*, 2002, 40(6): 1319 – 1334.

[43] Jugulum, R., and Monplaisir, L. Comparison between Mahalanobis-Taguchi system and artificial neural networks. *Journal of Quality Engineering Society*, 2002, 10(1): 60 – 73.

[44] Hong, J., Cudney, E.A., Taguchi, G., Jugulum, R., Paryani, K., and Ragsdell, K. A comparison study of Mahalanobis-Taguchi system and neural network for multivariate pattern recognition. *ASME IMECE Proceedings*, Orlando, Florida, 2005.

[45] Wang, H.C., Chiu, C.C., and Su, C.T. Data classification using the Mahalanobis-Taguchi system. *Journal of the Chinese Institute of Industrial Engineers*, 2004, 21(6): 606 – 618.

[46] Cudney, E.A., Jugulum, R., and Paryani, K. Forecasting consumer satisfaction for vehicle ride using a multivariate measurement system. *International Journal of Industrial and Systems Engineering*, 2009, 4 (6): 683 – 696.

[47] Kim, S.B., Tsui, K.L., Sukchotrat, T. and Chen, V.C.P. A comparison study and discussion of the Mahalanobis-Taguchi system. *International Journal of Industrial and Systems Engineering*, 2009, 4(6): 631 – 644.

[48] Prucha, T.E., and Nath, R. New approach in non-destructive evaluation techniques for automotive castings. *Proceedings of 2003 SAE World Congress*, Detroit, Michigan, 2003.

[49] Riho, T., Suzuki, A., Oro, J., Ohmi, K., and Tanaka, H. The yield enhancement methodology for invisible defects using the MTS+ method. *IEEE Transactions on Semiconductor Manufacturing*, 2005, 18 (4): 561 –568.

[50] Saraiva, P., Faísca, N., Costa, R., and Goncalves, A. Fault identification in chemical processes through a modified Mahalanobis-Taguchi strategy. *Computer Aided Chemical Engineering*, 2004, 18: 799 – 804.

[51] Huang, C. L., Hsu, T. S., and Liu, C. M. The Mahalanobis-Taguchi system-neural network algorithm for data-mining in dynamic environments. *Expert Systems with Applications*, 2009, 36(3): 5475 – 5480.

[52] Pan, J. N., Pan, J., and Lee, C. Y. Finding and optimizing the key factors for the multiple-response manufacturing process. *International Journal of Production Research*, 2009, 47(9): 2327 – 2344.

[53] Jin, X. H., Ma, E. W. M., Cheng, L. L., and Pecht, M. Health monitoring of cooling fans based on Mahalanobis distance with mRMR feature selection. *IEEE Transactions on Instrumentation and Measurement*, 2012, 61(8): 2222 – 2229.

[54] Hsiao, Y. H., Su, C. T., and Fu, P. C. Integrating MTS with bagging strategy for class imbalance problems. *International Journal of Machine Learning and Cybernetics*, 2019, 11(6): 1217 – 1230.

[55] Asada, M. Wafer yield prediction by the Mahalanobis-Taguchi system. *IEEE International Workshop on Statistical Methodology*, 2001, 6: 25 – 28.

[56] Nakatsugawa, M., Jin, D., Teshima, S., and Ohuchi, A. An application of MTS for defect inspection of circuit pattern model. *Proceedings of IWSCI'99*, 1999: 192 – 197.

[57] Rika, M., Yoshiki, I., Takashi, K., and Kazuyuki, T. Application of Mahalanobis Taguchi system to fault diagnosis program—A software study for the future spacecraft (Part I). *Journal of Quality Engineering Forum*, 1999, 7(5): 55 – 61.

[58] Nagao, M., Yamamoto, M., Suzuki, K., and Ohuchi, A. A face identification system based on the Mahalanobis-Taguchi system. *International Transactions in Operational Research*, 2001, 8(1): 31 – 45.

[59] Mitsuyoshi, N., Masahito, Y., and Keiji, S. Application of the MTS method for facial expression recognition. *Transactions of the Institute of Electrical Engineers of Japan*, 2000, 120C (8 – 9): 1157 – 1164.

[60] Lavallee, L., Kobayashi, C., Okamoto, J., and Shirai, N. Application of Mahalanobis Taguchi System to Thermal Ink Jet Imaging Quality Inspection. *Journal of Quality Engineering Society*, 2000, 8 (3): 77 - 85.

[61] Taguchi, G., Chowdhury, S., and Wu. Y. *The Mahalanobis-Taguchi system*. New York: McGraw-Hill, 2001.

[62] Paynter, J., and Terry, A. Gaps in franchisee and franchisor expectations. *16th Annual International Society of Franchising Conference*, Orlando, Florida, 2002.

[63] Ragsdell, M. M., and Ragsdell, K. M. Healthcare and the modern hospital: what we can learn from the factory. *Second International Conference on the Management of Healthcare and Medical Technology*, Chicago, 2002.

[64] Debnath, R. M., Kumar, S., Shankar, R., and Roy, R. K. Students' satisfaction in management education: study and insights. *Decision*, 2005, 32(2): 139 - 155.

[65] Morita, H., and Haba, Y. Variable selection in data envelopment analysis based on external evaluation. *Proceedings of the Eighth Czech-Japan Seminar on Data Analysis and Decision Making under Uncertainty*, 2005: 181 - 187.

[66] Aman, H., Mochiduki, N., and Yamada, H. A model for detecting cost-prone classes based on Mahalanobis-Taguchi method. *IEICE Transactions on Information and Systems*, 2006, E89 - D (4): 1347 - 1358.

[67] Srinivasaraghavan, J., and Allada, V. Application of Mahalanobis distance as a lean assessment metric. *The International Journal of Advanced Manufacturing Technology*, 2006, 29(11 - 12): 1159 - 1168.

[68] Cudney, E. A., Paryani, K., and Ragsdell, K. M. Applying the Mahalanobis-Taguchi system to vehicle handling. *Concurrent Engineering*, 2006, 14(4): 343 - 354.

[69] Kim, C. W., Chang, K. C., Kitauchi, S., and McGetrick, P. J. A field

experiment on a steel Gerber-truss bridge for damage detection utilizing vehicle-induced vibrations. *Structural Health Monitoring*, 2016, 15(2): 174-192.

[70] Yuan, J., and Li, C. A new method for multi-attribute decision making with intuitionistic trapezoidal fuzzy randomvariable. *International Journal of Fuzzy Systems*, 2017, 19(1): 15-26.

[71] Zhan, J., Chen, W., Cheng, L.S., Wang, Q., Han, F.F., and Cui, Y. B. Diagnosis of asthma based on routine blood biomarkers using machine learning. *Computational Intelligence and Neuroscience*, 2020, 8841002.

[72] Hayashi, S., Tanaka, Y., and Kodama, E. A new manufacturing control system using Mahalanobis distance for maximizing productivity. *IEEE Transactions on Semiconductor Manufacturing*, 2002, 15(4): 442-446.

[73] Rai, B.K., Chinnam, R.B., and Singh, N. Prediction of drill-bit breakage from degradation signals using Mahalanobis-Taguchi system analysis. *International Journal of Industrial and Systems Engineering*, 2008, 3 (2): 134-148.

[74] Cudney, E.A., and Ragsdell, K.M. Forecasting using the Mahalanobis-Taguchi system in the presence of collinearity. *SAE World Congress & Exhibition*, Detroit, MI, USA, 2006.

[75] Cudney, E. A., Ragsdell, K. M. and Paryani, K. Identifying useful variables for vehicle braking using the adjoint matrix approach to the Mahalanobis-Taguchi system. *SAE World Congress & Exhibition*, Detroit, MI, USA, 2007.

[76] Hwang, I., Hyun, Y., and Park, J. The study for the improvement of on-center feel with MTS technique. *SAE World Congress & Exhibition*, Detroit, MI, USA, 2007.

[77] Yang, T. and Cheng, Y.T. The use of Mahalanobis-Taguchi system to improve flip-chip bumping height inspection efficiency. *Microelectronics Reliability*, 2010, 50(3): 407-414.

[78] Yazid, A. M., Rijal, J. K., Awaluddin, M. S., and Sari, E. Pattern recognition on remanufacturing automotive component as support

decision making using Mahalanobis-Taguchi system. *Procedia CIRP*, 2015, 26: 258 – 263.

[79] Rizal, M., Ghani, J.A., Nuawi, M.Z., and Haron, C.H.C. Cutting tool wear classification and detection using multi-sensor signals and Mahalanobis-Taguchi System. *Wear*, 2017, 376 – 377, Part B: 1759 – 1765.

[80] Reyes-Carlos, Y.I., Mota-Gutiérrez, C.G., and Reséndiz-Flores, E.O. Optimal variable screening in automobile motor-head machining process using metaheuristic approaches in the Mahalanobis-Taguchi system. *The International Journal of Advanced Manufacturing Technology*, 2018, 95(9 – 12), 3589 – 3597.

[81] Kumagai, K., and Umemura, F. Corrosivity evaluation of freshwater environment on stainless steels using Mahalanobis-Taguchi method considering interaction effect of water quality parameters. *Zairyo to Kankyo*, 2004, 53(12): 560 – 567.

[82] Umemura, F., Kumagai, K., and Nukaga, T. Corrosivity evaluation of freshwater environment on carbon steels using Mahalanobis-Taguchi method. *Corrosion Engineering*, 2006, 55(5): 193 – 200.

[83] Itagaki, M., Takamiya, E., Watanabe, K., Nukaga, T., and Umemura, F. Diagnosis of water quality for carbon steel corrosion by Mahalanobis-Taguchi method. *Corrosion Engineering*, 2006, 55(7): 385 – 396.

[84] Itagaki, M., Takamiya, E., Watanabe, K., Nukaga, T., and Umemura, F. Diagnosis of quality of fresh water for carbon steel corrosion by Mahalanobis distance. *Corrosion Science*, 2007, 49(8): 3408 – 3420.

[85] Datta, S., and Das, P. Exploring the effects of chemical composition in hot rolled steel product using Mahalanobis distance scale under Mahalanobis-Taguchi system. *Computational Materials Science*, 2007, 38(4): 671 – 677.

[86] 王海燕, 赵培标. 实现 CSI 测评的 P – M 模糊测度空间的构建探析[J]. 预测, 2003, 22(4): 69 – 71, 31.

[87] 王海燕. 企业绩效管理模式的选择逻辑——基于 CSI 模糊识别模型的实证

分析[J].管理世界,2006(9):94-100.

[88] 宗鹏,曾凤章.基于 MTS 的企业可持续发展评价体系研究[J].科学技术与工程,2006,6(8):1163-1166,1170.

[89] 钟晓芳,韩之俊.评价计测仪器精度的一种新方法[J].计量与测试技术,2004(6):27-28.

[90] 王雪,李勇.零件形状误差的 MTS 测量识别方法[J].电测与仪表,2004,41(461):7-10,6.

[91] 薛跃,韩之俊,盛党红.MTS 法用于上市公司财务质量评估初探[J].数理统计与管理,2005,24(1):81-85.

[92] 叶芳羽,单泪源,韩之俊,周义军.基于马田系统与数据包络分析的工业运行质量评价研究[J].管理学报,2018,15(5):767-773.

[93] 陈闻鹤,常志朋,宫晓虹.基于马田系统的企业疫情防控风险集对评估模型[J].软科学,2020,34(11):137-144.

[94] 常志朋,陈闻鹤,王治莹.核主成分马田系统及其应用[J].系统工程理论与实践,2021,41(9):2447-2456.

[95] 张健,李国英.稳健估计和检验的若干进展[J].数学进展,1998,27(5):20-32.

[96] Taguchi, G. *Introduction to quality engineering: designing quality into products and processes*. Tokyo:Asian Productivity Organization,1986.

[97] Morrison, D.F. *Multivariate statistical methods*. New York:McGraw-Hill, 1967.

[98] 项可风,吴启光.试验设计与数据分析[M].上海:上海科学技术出版社,1989.

[99] Johnson, R.A., and Wichern, D.W..实用多元统计分析(第四版)[M].陆璇,译.北京:清华大学出版社,2001.

[100] 雷钦礼.经济管理多元统计分析[M].北京:中国统计出版社,2002.

[101] 何桢,张于轩.多响应试验设计的优化方法研究[J].工业工程,2003,6(4):35-38.

[102] 梅国平.基于复相关系数法的公司绩效评价实证研究[J].管理世界,2004(1):145-146,149.

[103] 王应明.运用离差最大化方法进行多指标决策与排序[J].系统工程与电子

技术,1998,20(7)：26－28,33.

[104] 王明涛.多指标综合评价中权数确定的离差、均方差决策方法[J].中国软科学,1999(8)：100－101,107.

[105] 黄定轩.基于客观信息熵的多因素权重分配方法[J].系统工程理论方法应用,2003,12(4)：321－324.

[106] Alemi-Ardakani, M., Milani, A.S., Yannacopoulos, S. and Shokouhi, G. On the effect of subjective, objective and combinative weighting in multiple criteria decision making：a case study on impact optimization of composites. *Expert Systems with Applications*, 2016, 46(3)：426－438.

[107] 迟国泰,李鸿禧,潘明道.基于违约鉴别能力组合赋权的小企业信用评级———基于小型工业企业样本数据的实证分析[J].管理科学学报,2018,21(3)：105－126.

[108] Detlov Von, W., and Edwards, W. *Decision analysis and behavioral research*. Cambridge：Cambridge University Press, 1986.

[109] Doyle, J.R., Green, R.H., and Bottomley, P.A. Judging relative importance：direct rating and point allocation are not equivalent. *Organizational Behavior and Human Decision Processes*, 1997, 70(1)：65－72.

[110] 吴育华,付永进.决策、对策与冲突分析[M].海口：南方出版社,2001.

[111] Kok, M., and Lootsma, F.A. Pairwise-comparision methods in multiple objective programming, with applications in a long-term energy-planning model. *European Journal of Operational Research*, 1985, 22(1)：44－55.

[112] Stillwell, W.G., Seaver, D.A., and Edwards, W. A comparison of weight approximation techniques in multiattribute utility decision making. *Organisational Behavior and Human Performance*, 1981, 28(1)：62－77.

[113] Jia, J., Fischer, G.W., and Dyer, J.S. Attribute weighting methods and decision quality in the presence of response error：a simulation study. *Journal of Behavioral Decision Making*, 1998, 11(2)：85－105.

[114] Roberts, R., and Goodwin, P. Weight approximations in multi-attribute decision models. *Journal of Multi-criteria Decision Analysis*, 2002, 11 (6): 291 – 303.

[115] Edwards, W., and Barron, H.F. SMARTS and SMARTER: improved simple methods for multiattribute utility measurement. *Organisational Behavior and Human Decision Processes*, 1994, 60(3): 306 – 325.

[116] Barron, F.H., and Barrett, B.E. Decision quality using ranked attributes weights. *Management Science*, 1996, 42(11): 1515 – 1523.

[117] Belton, V., and Stewart, T.J. *Multiple criteria decision analysis: an integrated approach*. Norwell: Kluwer Academic Publishers, 2002.

[118] Doganaksoy, N., Faltin, F.W., and Tucker, W.T. Identification of out-of-control quality characteristics in a multivariate manufacturing environment. *Communications in Statistics: Theory and Methods*, 1991, 20(9): 2775 – 2790.

[119] Runger, G.C., Alt, F.B., and Montgomery, D.C. Contributors to a multivariate statistical process control chart signal. *Communications in Statistics: Theory and Methods*, 1996, 25(10): 2203 – 2213.

[120] Timm, N.H. Multivariate quality control using finite intersection tests. *Journal Quality Technology*, 1996, 28(2): 233 – 243.

[121] Mason, R.L., Champ, C.W., Tracy, N.D., Wierda, S.J., and Young, J.C. Assessment of multivariate process control techniques. *Journal of Quality Technology*, 1997, 29(2): 140 – 143.

[122] Fuchs, C., and Kenett, R.S. *Multivariate quality control*. New York: Dekker, 1998.

[123] Hayashi, S., Tanaka, Y., and Kodama, E. A new manufacturing control system using Mahalanobis distance for maximizing productivity. *IEEE Transactions on Semiconductor Manufacturing*, 2002, 15(4): 442 – 446.

[124] Mohan, D., Saygin, C., and Sarangapani, J. Real-time detection of grip length deviation during pull-type fastening: a Mahalanobis-Taguchi system (MTS)-based approach. *International Journal of Advanced*

Manufacturing Technology, 2008, 39(9-10): 995-1008.

[125] Shinozaki, N., and Iida, T. A variable selection method for detecting abnormality based on the T^2 test. *Communications in Statistics-Theory and Methods*, 2017, 46(17): 8603-8617.

[126] Ohkubo, M., and Nagata, Y. Anomaly detection in high-dimensional data with the Mahalanobis-Taguchi system. *Total Quality Management & Business Excellence*, 2018, 29(9-10): 1213-1227.

[127] Liang, X. X., Duan, F., Bennett, I., and Mba, D. A sparse autoencoder-based unsupervised scheme for pump fault detection and isolation. *Applied Sciences-Basel*, 2020, 10(19): 6789.

[128] Mason, R.L., Tracy, N.D., and Young, J.C. Decomposition of T^2 for multivariate control chart interpretation. *Journal of Quality Technology*, 1995, 27: 99-108.

[129] Mason, R.L., and Young, J.C. *Multivariate statistical process control with industrial applications*. The American Statistical and the Society for Industrial and Applied Mathematics, 2002.

[130] 赵松山.对多重共线性的深入思考[J].当代财经,2003(6): 125-128.

[131] Kmenta, J. *Elements of econometrics*. New York: Macmillan, 1986.

[132] Neter, J., Wasserman, W., and Kutner, M. H. *Applied linear statistical models, 3rd edn*. Homewood: Irwin, 1990.

[133] 唐国兴.计量经济学——理论、方法和模型[M].上海: 复旦大学出版社, 1988.

[134] Wetherill, G. B. *Regression analysis with applications*. London: Chapman and Hall, 1986.

[135] 王松桂,陈敏,陈立萍.线性统计模型: 线性回归与方差分析[M].北京: 高等教育出版社,1999.

[136] Farrar, D. E., and Glauber, R. R. Multicollinearity in regression analysis: the problem revisited. *The Review of Economics and Statistics*, 1967, 49(1): 92-107.

[137] Hoerl, A.E., and Kennard, R.W. Ridge regression: biased estimation from nonorthogonal problems. *Technometrics*, 1970, 12(1): 55-67.

[138] Öztürk，F.，and Akdeniz，F. Ill-conditioning and multicollinearity. *Linear Algebra and Its Applications*，2000，321(1)：295 – 305.

[139] Smidt，R.K.，and McDonald，L.L. *Ridge discriminant analysis*. 1976.

[140] 何桢,韩亚娟,李菊栋.马氏田口两种不同方法的比较研究[J].中国卫生统计,2007,24(5)：531 – 535.

[141] 鲁茂,贺昌政.对多重共线性问题的探讨[J].统计与决策,2007(8)：6 – 9.

[142] Chen，Y.X.，and Phillips，J. ECU software abnormal behavior detection base on Mahalanobis-Taguchi technique. *SAE International Journal of Passenger Cars：Electronic and Electrical Systems*，2009,1(1)：474 – 480.

[143] 黄廷祝,钟守铭.矩阵理论[M].北京：高等教育出版社,2003.

[144] Fang，W. W. Disagreement Degree of Multi-person judgments in an additive structure. *Mathematical Social Sciences*，1994，28(2)：85 – 111.

[145] Kullback，S. *Information theory and statistics*. New York：Dover Publications，1997.

[146] Nath，P. On the measures of errors in information. *Journal of Mathematical Sciences*，1968，3(1)：1 – 16.

[147] Rényi，A. On the foundations of information theory. *Review of the International Statistical Institute*，1965，33(1)：1 – 14.

[148] Kannappan，P.，and Rathie，P. N. An application of a functional equation to information theory. *Annales Polonici Mathematici*，1972，26(1)：95 – 101.

[149] Fang，W. W. The characterization of a measure of information discrepancy. *Information Sciences*，2000，125(1 – 4)：207 – 232.

[150] Fang，S.L.，and Fang，W.W. Some statistical properties of a measure of information discrepancy. *Journal of Systems Science and Systems Engineering*，2002，11(4)：397 – 408.

[151] 骆嘉伟,刘芳,杨华.基于信息离散度的 DNA 序列相似性分析[J].计算机应用,2009,29(1)：269 – 272.

[152] 张俊华,方伟武.调查表数据分析中变量选择和判别分析的一些方法及简

单比较[J].中国管理科学,2000,8(S1):229-236.

[153] 方舜岚.商业银行稳健性定量分析方法及所面临的问题[J].运筹与管理,2004,13(6):113-117.

[154] 宋杰,唐焕文.基于一种新的信息离散性度量方法的同源寡聚蛋白质分类[J].数学的实践与认识,2007,37(8):36-42.

[155] Cinca, C.S., Del Brío, B.M. Prediccion de la quiebra bancaria mediante el empleo de redes neuronales artificiales. *Revista Española De Financiación Y Contabilidad*, 1993, 22(74):153-176.

[156] 高扬,王向章.基于快速存取记录仪数据的航空发动机整机性能综合评估研究[J].科学技术与工程,2016,16(25):322-326.

[157] 崔建国,林泽力,吕瑞,蒋丽英,齐义文.基于模糊灰色聚类和组合赋权法的飞机健康状态综合评估方法[J].航空学报,2014,35(3):764-772.

[158] Wang, J.R., Fan, K., and Wang, W.S. Integration of fuzzy AHP and FPP with TOPSIS methodology for aeroengine health assessment. *Expert Systems with Applications*, 2010, 37(12):8516-8526.

[159] Li, G., Wang, Y.J., and Ba, Z.G. A hybrid model for aero-engine health assessment based on condition monitoring information. *Journal of Applied Sciences*, 2013, 13(22):5524-5526.

[160] 杨洲,景博,张劼.航空发动机健康评估变精度粗糙集决策方法[J].航空动力学报,2013,28(2):283-289.

[161] Sun, C., He, Z.J., Cao, H.R., Zhang, Z.S., Chen, X.F., and Zuo, M.J. A non-probabilistic metric derived from condition information for operational reliability assessment of aero-engines. *IEEE Transactions on Reliability*, 2015, 64(1):167-181.

[162] 张春晓,李润辉,石晓磊.基于QAR数据的民航客机对称发动机差异监控模型和算法[J].数理统计与管理,2017,36(2):253-262.

[163] 张妍,王村松,陆宁云,姜斌.基于退化特征相似性的航空发动机寿命预测[J].系统工程与电子技术,2019,41(6):1414-1421.

[164] Lim, P., Goh, C.K., Tan, K.C., and Dutta, P. Multimodal degradation prognostics based on switching Kalman filter ensemble. *IEEE Transactions on Neural Networks and Learning Systems*, 2017, 28(1):

136－148.

[165] 彭宅铭,程龙生,詹君,姚启峰.基于改进马田系统的复杂系统健康状态评估[J].系统工程与电子技术,2020,42(4):960－968.

[166] Wang, C. S., Lu, N. Y., Cheng, Y. H., and Jiang, B. A data-driven aero-engine degradation prognostic strategy. *IEEE Transactions on Cybernetics*, 2021, 51(3):1531－1541.

[167] Ma, N., Yang, F., Tao, L. F., and Suo M. L. State-of-health assessment for aero-engine based on density-distance clustering and fuzzy Bayesian risk. *IEEE Access*, 2021, 9:9996－10011.

[168] 谢伟,郭创,王云鹏.关于航空发动机传感器故障信号优化诊断研究[J].计算机仿真,2016,33(8):67－71.

[169] 孙同敏.基于DBN－SVM的航空发动机健康状态评估方法[J].控制工程,2021,28(6):1163－1170.

[170] 彭开香,皮彦婷,焦瑞华,唐鹏.航空发动机的健康指标构建与剩余寿命预测[J].控制理论与应用,2020,37(4):713－720.

[171] 韩亚娟.基于FDOD度量的多维系统优化中的强相关问题[J].工业工程,2013,16(5):79－84,95.

[172] 李冬,李本威,王永华,赵凯.基于聚类和多尺度优化的超球体核距离评估的航空发动机性能衰退[J].推进技术,2013,34(7):977－983.

[173] 陈俊洵,程龙生,余慧,胡绍林.基于EMD－SVD与马田系统的复杂系统健康状态评估[J].系统工程与电子技术,2017,39(7):1542－1548.

[174] 温冰清,申忠宇,赵瑾,龙素华.基于鲁棒主元分析方法的故障检测[J].东南大学学报(自然科学版),2010,40(S1):140－143.

[175] 李刚,李建平,孙晓蕾,赵萌.主客观权重的组合方式及其合理性研究[J].管理评论,2017,29(12):17－26,61.

[176] 樊治平,赵萱.多属性决策中权重确定的主客观赋权法[J].管理科学学报,1997,7(4):87－91.

[177] 徐泽水,达庆利.多属性决策的组合赋权方法研究[J].中国管理科学,2002,10(2):84－87.

[178] 卫宇杰,于博文,潘浩,潘尔顺.基于组合赋权法的中国物流业质量发展指数研究[J].工业工程与管理,2019,24(2):190－197.

[179] 郭亚军,阮泰学,宫诚举.基于主客观信息综合判断的非线性拉开档次法[J].运筹与管理,2017,26(6)：149 – 154.

[180] 王应明.离差平方和的多指标决策方法及其应用[J].中国软科学,2000(3)：110 – 113.

[181] Saxena, A., Kai, G., and Simon, D. Damage propagation modeling for aircraft engine run-to-failure simulation. *2008 International Conference on Prognostics and Health Management*, Denver, 2008.

[182] 周俊.数据驱动的航空发动机剩余使用寿命预测方法研究[D].南京：南京航空航天大学,2017.

[183] Wang, T. Y, Yu, J. B., Siegel, D., and Lee, J. A similarity-based prognostics approach for remaining useful life estimation of engineered systems. *2008 International Conference on Prognostics and Health Management*. Denver, 2008.